城镇燃气
典型事故案例选编

昆仑能源有限公司 编

石油工业出版社

内 容 提 要

　　本书选择了户内燃气、管网燃气、液化石油气、压缩天然气、液化天然气等 6 个方面的 51 个事故，对事故经过、事故原因、事故教训及防范措施进行了分析，并对每个事故给出专家提示，对每类事故总结了预防要求。本书语言简洁，并配了相关的事故图片。适合从事燃气相关工作的员工阅读使用。

图书在版编目(CIP)数据

城镇燃气典型事故案例选编/昆仑能源有限公司编 .
— 北京:石油工业出版社,2017.3
ISBN 978 - 7 - 5183 - 1740 - 0

Ⅰ. 城…

Ⅱ. 昆…

Ⅲ. 城市燃气-安全事故-案例-汇编-中国

Ⅳ. TU996

中国版本图书馆 CIP 数据核字(2016)第 320405 号

出版发行:石油工业出版社
　　　　(北京安定门外安华里 2 区 1 号　　100011)
　　　　网　址:www.petropub.com
　　　　编辑部:(010)64255590　图书营销中心:(010)64523633
经　销:全国新华书店
印　刷:北京中石油彩色印刷有限责任公司

2017 年 3 月第 1 版　2017 年 3 月第 1 次印刷
850×1168 毫米　开本:1/32　印张:4.125
字数:103 千字

定价:25.00 元

编审委员会

前　言

　　昆仑能源有限公司是从事城镇燃气经营业务的专业化公司,业务范围涵盖天然气、液化天然气、压缩天然气、液化石油气、管道天然气等多种类型,分布在全国31个省区市。城镇燃气经营业务面对的客户多样,环境复杂,加上燃气具有易燃易爆属性,决定了燃气运营的高风险特征。公司在履行经济、政治和社会三大责任的同时,积极采取多种措施,防控事故风险。通过分析燃气事故事件案例,发现导致事故发生的原因主要包括第三方施工破坏、违规操作、腐蚀老化、安全意识淡薄等多种因素。为提高广大干部员工的风险意识和应急处置能力,提高燃气用户使用燃气的安全意识,加大群防力度,公司组织有关专家和专业人员编制了本书。本书图文并茂、通俗易懂,通过原因分析、防范措施、专家提示等形式告知读者燃气经营、使用的有关风险,提示如何防范,有利于读者安全意识和风险防范能力的提升。本书适合从事燃气经营企业的管理、操作人员及燃气用户阅读使用。

　　本书在编写过程中,参阅了国家安全生产监督管理总局发布的近五年有关燃气事故案例报告,选取其中较典型的事故进行分析,但由于时间仓促,本书可能存在疏漏之处,敬请广大读者批评指正。

目　　录

第一部分 天然气及人工煤气事故

一 户内事故

案例 1　胶管脱落引发燃气爆炸事故

一、事故经过

2010 年 3 月 24 日清晨 7 时 10 分左右，某市阳光新路小区 G18 号楼，伴随"轰"的一声巨响，碎玻璃、变形的塑钢窗户，从这栋近 30 层高的居民楼半腰处坠落，一把椅子径直从窗口飞出。事故造成一名男子重伤。

二、事故原因分析

（一）直接原因

软管脱落，造成燃气泄漏，遇明火爆炸。

（二）间接原因

居民换燃气灶过程中，未固定好软管，燃气报警器未连接电源，灶前阀未关闭。

三、事故教训及防范措施

（一）事故教训

用户未固定好软管，一旦脱落就会造成泄漏，遇火会导致燃气爆炸。

（二）防范措施

（1）软管使用管卡进行固定，安装后进行检漏，要定期进行检测，定期更换。

（2）正确使用燃气报警装置，发现泄漏及时切断。

（3）教育用户养成使用后及时关闭灶前阀的习惯。

☞ 专家提示：

（1）软管及燃器具的连接处应使用专用的卡扣进行固定，不应随便使用铁丝进行缠绕固定或没有任何的固定措施。

（2）建议使用燃气专用不锈钢波纹管，加装燃气报警装置。装好软管后，可用肥皂水检测是否漏气，严禁使用明火试漏。

（3）软管不宜拖地，长度不应超过2m，铺设后不能有受挤压的地方。不得产生弯折、拉伸、脚踏等现象。龟裂、老化的软管不得使用。

（4）软管不应安装在下列地点：有火焰和辐射热的地点、隐蔽处。软管不宜跨过门窗、穿墙过屋使用。

未接电源的报警器

案例2　软管脱落导致燃气泄漏爆炸事故

一、事故经过

2009年11月20日凌晨5时30分左右，位于某市黄河路东段清华苑居民小区西区的 18 号楼 1 单元 2 楼 103 室，因天然气泄漏遇明火爆炸。5 时 33 分，接到报警后，消防支队迅速到达现场，进行灭火救人。发生燃气泄漏爆炸事故的居民楼共 6 层，爆炸造成 2 层和 3 层局部坍塌，5 人死亡。

二、事故原因分析

（一）直接原因

103 室厨房内连接壁挂炉的燃气双联阀门接口处软管由于没有管卡固定，软管出现松动脱落，天然气泄漏，与空气形成的混合气体弥漫至 103 室内各个房间，遇明火引起爆炸。

（二）间接原因

（1）用户安全意识淡薄，未用管卡固定连接壁挂炉的燃气双联阀门接口处的软管。

（2）未安装燃气报警切断装置，没有及时发现燃气泄漏。

三、事故教训及防范措施

（一）事故教训

用户未用管卡固定软管，一旦脱落就会造成泄漏，在密闭空间积聚达到爆炸极限，遇明火引起爆炸。

（二）防范措施

（1）软管用管卡固定，安装后进行检漏，要定期进行检查，定期更换。

（2）定期对用户进行安全检查及安全知识宣传，增强用户使用天然气的安全意识。

（3）使用燃气报警及切断装置。

☞ 专家提示：

（1）用气完毕，要关闭燃气灶前阀。

（2）燃气用具与软管接头连接处，应使用管卡固定，应经常检查软管接头处有无松动、脱落。

（3）建议加装燃气报警及切断装置。

爆炸房屋掉落的砖混导致轿车严重变形

案例3　软管老化断裂造成泄漏事件

一、事故经过

2009年9月20日，位于某市东站拓东路1号5楼10号的用户家中发生燃气大量泄漏，燃气公司接到报警后立即赶赴现场，关闭了燃气阀门，切断气源，疏散人员，设置警戒区，严禁明火，现场得到有效控制。此次泄漏造成了该片区三栋房屋的用户燃气暂时中断。

二、事故原因分析

（一）直接原因

用户燃气软管未及时更换，造成软管老化开裂，导致燃气大量泄漏。

（二）间接原因

（1）用户在未使用燃气时没有及时关闭灶前阀门。

（2）用户用气安全知识不足，未定期检查、及时更换软管，造成燃气泄漏。

三、事故教训及防范措施

（一）事故教训

此次燃气泄漏事故反映出用户安全用气知识缺乏，未定期检查燃气设施。燃气公司应加强用户安全用气知识宣传。

（二）防范措施

（1）提高燃气用户安全意识，增强用户安全用气能力。

（2）加强对燃气用户安全用气知识的宣传工作，加强对用户安全用气的指导。

（3）燃气公司应定期组织对用户燃气设施进行安检。

☞ **专家提示：**

（1）鉴于软管易损耗、易老化的特性，用户应经常检查、定期更换家中的软管。软管使用期限不宜超过 2 年，由于各种品牌软管的质量不一，建议定期检查软管，如有老化龟裂等现象，应及时更换。

（2）建议使用燃气专用不锈钢波纹管，加装燃气报警及切断装置。装好软管后，可用肥皂水检测是否漏气（严禁明火试漏）。

（3）增强安全用气意识，使用后应及时关闭灶前阀门。

老化断裂的软管

案例 4　用户未连接燃气软管造成泄漏爆燃事故

一、事故经过

2010 年 4 月 15 日晚，某市点睛名苑 3 栋 1 单元 301 室的用户在家中试用新的燃气灶时，位于燃气灶下方的橱柜突然闪爆，用户的小腿受到轻微擦伤。燃气公司接到报警后立即赶赴现场，经检查确认燃气供气设施无泄漏后，发现是用户新买的燃气灶下方的软管未连接就打火，造成燃气泄漏遇火爆燃事故。

二、事故原因分析

（一）直接原因

用户在未认真检查燃气灶与燃气供气设施是否有效连接的情况下，盲目开阀试火。

（二）间接原因

（1）用户使用的燃气灶下方的橱柜呈狭小密闭空间，将燃气阀门和燃气软管包裹于橱柜的狭小密闭空间内，无良好的空气流通，造成泄漏燃气聚积达到爆炸极限，遇火闪爆。

（2）用户缺乏燃气知识。使用前未认真阅读由燃气公司提供的客户使用手册和温馨提示等安全使用须知。

三、事故教训及防范措施

（一）事故教训

燃气用户应掌握燃气的安全使用常识，正确使用燃气用具。

（二）防范措施

（1）燃气设施和用气设备的维护和检修工作，必须由具有国家相应资质的单位及专业人员进行。

（2）安装管道燃气设施的室内，经常保持通风换气，保持良好的空气流通。房屋装修时不得将燃气管道、阀门等埋藏在墙体内，或密封在橱柜内，以免燃气泄漏无法及时扩散。

（3）开展多种形式的燃气安全宣传活动，加大燃气安全使用常识的宣传教育力度，提升用户安全用气的能力。

☞ 专家提示：

（1）在使用燃气前应确认燃气软管连接处已经连接牢固并有管卡卡紧，再打开燃气阀门进行点火使用。

（2）在用嵌入式燃气灶的下方橱柜门或边上换成百叶窗，或者开孔保证通风良好，避免密闭包裹。

未连接的燃气软管

案例5 老鼠咬破燃气软管导致 燃气爆炸事故

一、事故经过

2010年4月18日清晨7时许，某市阳光海岸小区一期7座11单元302室发出巨大的爆炸声。伴随着爆炸声，302室厨房、阳台、卧室和儿童房的铝合金窗户全部被气浪震开，现场一地碎玻璃。由爆炸产生的强烈气浪将302室隔壁的墙壁震裂，302室楼上的厨房瓷砖被震落，302室对面住户家的玻璃门也被震碎。

二、事故原因分析

（一）直接原因

连接到燃气灶的软管被老鼠咬了几个洞，导致燃气泄漏，燃气聚积在橱柜、厨房和排风管道内，清晨住户洗澡开热水器，厨房的热水器点火引爆了泄漏的燃气。

（二）间接原因

（1）用户的安全意识淡薄，没有经常检查燃气设施是否完好，未能及时发现安全隐患。

（2）燃气设施被橱柜包裹，通风效果差，泄漏后的天然气无法及时扩散。天然气聚积到一定程度与空气形成爆炸性混合气体。当用户启动电器时，产生的电火花点燃天然气，达到爆炸极限发生爆炸。

三、事故教训及防范措施

（一）事故教训

居民应掌握天然气的安全使用常识，定期对燃气设施进行检查，发现燃气泄漏时，应先开窗通风，关闭阀门，到安全区域报警。

（二）防范措施

（1）用户应经常检查，定期更换家中的燃气软管。

（2）用户安装可燃气体报警器，正确使用报警器，定期进行检测校验，发挥它的安全警示作用。

（3）用户装修时严禁包裹燃气设施。

（4）燃气公司应加强入户安检的力度，增加安检的频次，及时发现安全隐患，及时进行处理。

（5）燃气公司应加大对用户的安全教育力度，开展经常性的安全宣传活动。

☞ 专家提示：

（1）建议使用燃气专用不锈钢波纹管。

（2）装好软管后，可用肥皂水检测是否漏气，严禁明火试漏。

（3）加装燃气报警及切断装置。

被老鼠咬断的软管

案例 6 违规私改燃气设施引发燃气爆炸事故

一、事故经过

2008 年 8 月 21 日凌晨 5 时 30 分，某市一高层住宅发生燃气爆炸。爆炸将二、三楼半边房屋全部炸塌,自一层到八层以及对面楼 30 余家居民玻璃窗被震碎。在发生爆炸的四单元 201、301 室房间内,一片狼藉。坚固的安全门被崩倒、墙皮被熏黑,冰箱被烧得只剩一个铁壳子。此次燃气爆炸事故导致 5 人丧生,150 余户居民停气。

二、事故原因分析

(一)直接原因

201 室住户在房屋装修时,违规私自改装,将燃气管道暗装在墙壁内,私改的管道连接不符合技术要求,造成燃气泄漏。燃气沿砂灰缝隙、孔洞、砖缝扩散至三楼墙壁电气开关盒内。301 室住户起夜打开电灯开关时,产生电火花,发生爆炸。

(二)间接原因

(1)燃气用户缺乏燃气安全常识,法律意识不强。

(2)燃气用户检修工入户安检时,未对私改燃气设施行为要求强制整改。

三、事故教训及防范措施

(一)事故教训

暗埋燃气管道隐蔽性强,如发生泄漏,泄漏点不易被发现。用户严禁私改、拆卸和严密包裹燃气设施。

(二)防范措施

(1)应找有资质的施工单位进行燃气设施改装。

(2)用户装修时,燃气设施不得包裹,保持原设计状态。

(3)加强燃气用户检修工的培训力度,提高燃气用户检修工的技术水平,发现隐患及时提出整改要求,并书面告知居民用户。

☞ 专家提示:

随意拆改室内燃气设施容易埋下安全隐患,用户改变燃气设施时应慎重，应通过燃气公司设计施工，杜绝类似把燃气管道隐藏起来、在卧室安装燃气设施、将燃气管道用作支架和安装已禁止使用的直排式热水器等装修行为。擅自改变燃气管线走向和迁移燃气设施，在管线气密性、耐压能力和接口处可能会留下安全隐患，随着使用时间的增加和外力作用，可能会出现燃气泄漏等危险。

爆炸后的高层住宅

案例 7　室内使用双气源造成爆炸事故

一、事故经过

某小区三楼 2 单元 301 室住着金大爷、金大娘两位 72 岁的老人。2007 年 11 月 13 日 6 时 50 分左右，两位老人在做饭时习惯性地打开液化气罐，可此时的灶具软管早已连接在管道燃气表上，老人并未注意到自己的误操作，没有及时关闭液化气罐，导致了爆炸事故的发生。

二、事故原因分析

（一）直接原因

室内有双气源，老人误操作，致使液化气泄漏爆炸。

（二）间接原因

（1）该住户刚刚使用上管道天然气，老人习惯性打开液化气罐时，耳聋听不见液化气泄漏的声音。

（2）液化气的密度比空气大，高处的天然气报警器检测不到泄漏到低处积聚的液化气气体，报警器没连接电源，不能发出报警提示音。

三、事故教训及防范措施

（一）事故教训

燃气公司对室内存在双气源的用户，不予开通燃气。对已开通天然气的住户，相应管理部门应做好档案登记，及时回收液化气钢瓶。

（二）防范措施

（1）严禁同一住户内存在两种不同性质的燃气气源。

（2）燃气报警器和紧急切断阀必须联动有效。

（3）加强安检和天然气安全使用常识的宣传力度。

☞ 专家提示：

液化石油气比空气重，其密度为空气的 1.5 倍，能沿地面向四周扩散，在大气中扩散较慢，且易沉于低洼处。天然气是一种无毒无色无味的气体，约比空气轻一半。适用于液化石油气的报警器，应安装于距地面小于 30cm、距厨具小于 4m 的位置。适用于天然气、煤气的报警器，应安装于距顶棚小于 30cm、距厨具小于 8m 的位置。

未接电源的燃气报警器

案例 8　用户燃气器具使用不当造成煤气中毒事故

一、事故经过

2007 年 1 月 25 日 16 时 12 分，某市燃气公司接到大安街 100 号 7 单元 303 室用户报警，称其楼栋单元内有煤气味。接警后燃气公司有关工作人员立即赶赴现场。

燃气公司工作人员到达现场后，关闭了该单元的立管阀，对整单元作了停气处理。在报警的 7 单元 303 室内，工作人员按操作规程进行查漏，室内燃气设施正常，无泄漏点。扩大排查范围后，发现该用户室内空间和卫生间有燃气浓度显示，现场人员立即对该单元所有住户逐户进行检查。现场排查发现 202 室门缝处有燃气浓度显示，公安及开锁公司配合开锁后，燃气公司工作人员与公安人员一同进入 202 室内，看到室内走廊地上有一男子已身亡，卧室内床上一老妇亦已身亡。来到厨房后，发现该用户煤气灶前阀呈开启状态，炉具开关未关，确认该处为煤气泄漏点，室内 2 人是由于煤气使用不当而中毒身亡。

二、事故原因分析

（一）直接原因

用户燃气器具使用不当，熄火后燃气开关未关闭，致使煤气泄漏，造成室内人员中毒死亡。

（二）间接原因

（1）用户灶具不带熄火保护装置。
（2）用户安全意识不强，未养成熄火后关闭灶前阀的习惯。

三、事故教训及防范措施

（一）事故教训

使用燃气时，灶具无人看护，熄火漏气不能第一时间发现。

使用不安全的灶具，熄火漏气后不能自动切断。

（二）防范措施

（1）用户应使用带熄火保护装置的灶具。

（2）建议用户安装燃气报警切断装置，增大用气安全系数。

（3）加强用户安全宣传，提高用户的安全意识，在使用燃气过程中加强看护。

☞ 专家提示：

应要求用户使用带熄火保护装置的灶具，推广安装燃气报警切断装置。燃气用户检修工应对用户进行教育和培训。对痴、傻、呆、鳏、寡、孤、独等特殊用户加大巡检频次。

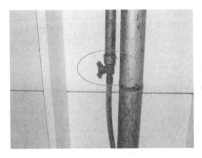

单元 202 室内煤气灶前阀开关开启　　7 单元 202 室内煤气灶具左侧开关开启造成漏气

案例 9　用户阀门开关不当造成煤气中毒事故

一、事故经过

2009 年 1 月 7 日 15 时 50 分，某市燃气公司接到理治街 48 号 703 室居民报警称：室内有煤气味。16 时维修人员到达现场后发现 703 室室内无漏点，其后经过排查发现 103 室可能为漏气点。因该单元二次切断阀在 103 室室内，16 时 15 分维修人员将该楼的调压箱关闭，疏散该单元的居民。

16 时 32 分，燃气公司工作人员在公安、消防等有关人员的协同下进入 103 室。进入现场后，发现室内有 5 名老人倒卧，经 120 急救人员确认已全部死亡。

二、事故原因分析

（一）直接原因

燃气双联阀门左侧阀门处于开启状态，连接热水器的软管未与燃气热水器连接，造成大量管道煤气涌入室内，致使室内人员深度一氧化碳中毒，进而导致死亡。

（二）间接原因

（1）使用者对室内燃气设施不熟悉，误将燃气双联阀门全部置于开启状态。

（2）主人麻痹大意，未将软管与热水器连接。

（3）东北地区冬季严寒，住户门窗多半封闭得比较严密，室内没有有效的空气流通。

（4）大量饮酒已经辨别不出室内泄漏的燃气气味。

三、事故教训及防范措施

（一）事故教训

用户燃气设施存在安全隐患，用户用气安全意识淡薄，麻痹大意。

（二）防范措施

（1）动员用户将老式燃气双联阀门更换为灶前阀。

（2）动员用户安装燃气报警及自动切断装置。

（3）免费发放软管卡具并为用户安装好。

（4）加强安全宣传的力度，将燃气安全使用常识灌输到每个用户的心中。

☞ **专家提示：**

加强安全用气知识宣传，把老、弱、病、残列入特殊用户管理，重点加强宣传，增加检查频次，动员用户安装燃气报警及自动切断装置。

未连接的软管

事故现场

案例 10 　居民用户自杀爆炸事故

一、事故经过

2009 年 4 月 5 日 16 时 30 分，某市燃气公司接到报警称，滨江 513 楼 2 单元 203 室发生火灾和天然气爆炸。燃气公司工作人员赶到现场，发现该户的门窗因爆炸全部炸飞，周围邻居的墙体、门窗也有不同程度损坏，对面楼阳台被爆炸飞出的物体砸坏，室内有一具烧焦女尸。经现场仔细勘察发现，该户厨房基本保持完好，天然气设施完好，天然气表前阀呈开启状，天然气灶前阀开关呈关闭状，灶前阀开关下未连接软管和炉具，天然气设施经打压无泄漏（社区主任和邻居在打压单上签字证实），该户卧室内的物品全部烧毁，安保人员对现场照相、录像。

此次事故现场特别混乱，在燃气公司抢险人员赶到前已经有邻居、消防队、派出所等人员先后进入事故现场。燃气设施打压又无泄漏，说明天然气开关事先曾被操作。据了解，消防队首先进入现场灭火，并关闭了天然气开关。

后经对死者父亲和邻居了解，死者甄某有精神病，独居此屋养病，事故发生的前几天曾经打开过天然气开关，邻居闻到后告知其家人关闭过，而且死者这几天有发病迹象，经常半夜踹邻居门，大喊大叫。综上所述，得出初步结论：原始着火点在卧室、天然气开关系死者打开，甄某属非正常死亡。

二、事故原因分析

（一）直接原因

死者打开天然气灶前阀开关，点燃卧室内的可燃物，天然气达到爆炸浓度时引起爆炸。

（二）间接原因

（1）死者系精神病患者，独自租房生活，无人管理。

（2）死者家属、政府、社区对其关心不够，事故发生的前几天死者已有发病的迹象，但未引起家人和社区的重视。

三、事故教训及防范措施

（一）事故教训

政府、社会和相关部门应对精神病患者、智障等弱势群体加强管理。

（二）防范措施

（1）利用新闻媒体和走进社区等宣传形式，进一步加强社会宣传力度，增强广大居民的安全意识和防范能力，正确使用天然气，防止爆炸事故的发生。

（2）掌握精神病、智障等弱势群体详细资料，做到心中有数，和社区、智障人员的邻居建立联系方式，一旦发现有异常情况，社区和邻居能及时报警，燃气公司能够及时采取措施，避免事故发生。

（3）加强对燃气用户检修工安全管理力度，监督、检查其室内燃气设施检查质量。

☞ **专家提示：**

燃气公司对精神病患者、智障等用户不予供气。

案例 11　灶具安装不规范导致的爆炸事故

一、事故经过

2012 年 5 月 28 日，王女士花了 1700 元在某商场购买了一台燃气灶，安装完毕后，当天中午，她开启燃气灶做饭，没想到没多久就发生了爆炸。而王女士由于刚好站在燃气灶旁，受到波及，导致身上多处发红起疱，疼痛难忍。

经当地医院医生诊断，王女士面部、左上肢、双下肢烧伤面积约为 4%。此外，王女士家的窗户、灶台以及楼下住户的窗顶均遭到不同程度的损坏。

二、事故原因分析

（一）直接原因

厂方安装人员为了方便，把新的原配螺栓与旧的螺帽一起搭配使用，导致煤气与燃气灶接口紧密度不够而造成爆炸。

（二）间接原因

用户缺乏燃气安全使用常识，在使用前没有进行气密性检查。

三、事故教训及防范措施

（一）事故教训

安装灶具时应监督安装人员是否规范安装，防止安装人员不负责任造成事故。应加强安全用气知识宣传。

（二）防范措施

（1）要到正规、大型的商场里购买燃气灶，并选择由生产规模较大的厂家生产的、带有安全保护装置的燃气灶。

（2）用户在使用燃气灶前要先闻有无刺激性气味，听有无漏气声音，确定一切正常后再点火。

（3）使用中，用户要经常观察火焰状态，及时发现因沸水、刮风等原因引起的熄火、刺鼻焦煳味、漏气味以及不正常燃烧的声音，发现问题要立刻关闭气源，检查原因维修后使用。

（4）若是出现漏气应开窗通风，不要开抽油烟机、排风扇等电器，防止火花引燃燃气。

（5）用户还要定期清洁自家燃气灶的火孔，并对燃气灶、软管等的气密性进行检查，以减少安全隐患。

☞ 专家提示：

商家在安装燃气灶具时应仔细谨慎，以免造成不必要的安全事故。

户内事故预防

（1）燃气设施安装要遵循先设计后施工的原则，设计应遵守《城镇燃气设计规范》（GB 50028—2006）规定，施工应按已审定的设计文件实施，加强材料采购、施工过程及验收控制。工程竣工验收合格后，燃气公司应将工程竣工资料建档保存。

（2）燃气公司应严格通气程序，逐户把好气密试压、置换通气、正确使用、安全告知和用户签字"五个关口"；在给用户正式通气前与用户签订供气合同，明确双方的权利和义务，并为用户建立档案。

（3）燃气公司应定期对居民用户的燃气设施和燃气器具进

行检查，规范填写安检记录，并建立完整的检查档案；建立弱势群体档案，定期进行走访，强化弱势群体的安全防范意识；加强对人员密集场所、高层、出租屋等重点场所的检查，发现隐患及时提出整改要求，并书面告知用户，督促用户整改。

（4）燃气公司应按规定在燃气中加入定量的臭剂，并对加臭情况进行记录。

（5）燃气公司应保证生产运营人员经过专业技术培训，并加强内部培训，提高生产运营人员的安全意识和技能。

（6）燃气公司应在户内燃气设施安装后、户内燃气设施通气置换前、入户安检、临时停供气、维修等工作前及客服电话、报修电话等重要信息发生变更时，对用户进行告知。

（7）燃气公司应利用置换前、安检、维修及收费等与用户面对面的机会，向用户宣传普及燃气安全使用常识；同时充分利用广播、电视、报纸、互联网等媒体，宣传普及燃气使用常识，不断提高社会公众燃气使用安全意识和技能。

（8）燃气公司应定期开展应急预案演练，加强应急救援人员培训，增强应急处置能力。在发生事故后第一时间到达现场，协助有关部门收集原始证据，尽早确定事故原因，落实事故责任的认定。

（9）户内发生燃气泄漏后，燃气公司应按照接警、派工、出警、处置、恢复五个阶段进行现场应急处置。

（10）用户严禁私自安装、拆除、改装、迁移户内燃气设施和燃气计量装置。如需要安装、改装燃气设施，请与燃气公司联系，由燃气公司专业人员负责施工。同时也要杜绝包裹燃气管道、燃气设施穿过住人房间或将燃气设施安装在卧室内、将燃气管道用作支架和使用直排式热水器等不安全行为。

（11）建议用户安装燃气报警器和燃气泄漏自动切断阀，报警器时刻处在通电状态。

（12）用户应选购国家质检部门认可的带自动熄火保护装置

的合格灶具，并注意使用年限，普通家用热水器和灶具使用寿命为 6～8 年，超龄燃器具必须更换。

（13）建议用户使用燃气专用不锈钢波纹软管代替软管。

（14）用户选择壁挂炉时应注意产品是否具有防冻保护、防干烧保护、意外熄火保护、温度过高保护、水泵防卡死保护等多种安全保护措施。

（15）用户每次使用燃气具后，要关上燃气灶具开关、灶前阀，并养成每天临睡前对燃气器具进行检查的习惯。如长期外出，应关闭户内总阀。

（16）严禁在同一室内存在两种不同性质的气源。

（17）严禁非法使用燃气设施和偷盗、转供燃气。

（18）在使用燃气时应保持空气流通，严禁使用直排式热水器。

（19）用户发现漏气时，应立即关闭户内总阀，打开门窗通风，切断火源，切勿启动和关闭任何电源、电器设施（排风扇、抽烟机、电源开关等），防止产生火花，及时到户外报修。

（20）发生户内火灾时，在通知消防部门的同时，要第一时间切断现场气源。

二 管网事故

案例 1　燃气主管网第三方挖断爆炸事故

一、事故经过

2010 年 3 月 15 日下午 1 时 10 分许，位于某市黄浦大街建设大道路口附近二环线施工工地上，一台挖掘机在施工时，将一根 DN400mm 的天然气管道挖破，气柱变成 5 层楼高的火焰，将近旁一栋 4 层楼的一面墙壁的附着物全部烧光，还烧断了工地上方数根高压线，数千群众被紧急疏散。下午 2 时 10 分，火柱开始慢慢降低，最终熄灭。

二、事故原因分析

（一）直接原因

施工单位在没有探明地下管线的情况下，直接用挖掘机施工挖断燃气管道并引燃。

（二）间接原因

（1）勘探单位勘探不准确，没有探明地下敷设燃气管线。

（2）施工图纸没有及时更新，导致图纸无效，不能起到准确的指导作用。

（3）燃气公司掌握的管网图纸没有到政府有关部门备案。

三、事故教训及防范措施

（一）事故教训

城市的地下管网错综复杂，施工工程难度大，施工单位应与政府有关部门事先沟通，遇到与燃气管线交叉的应及时与燃气公司联系，办理会签手续。燃气公司应加强对燃气管线的巡检，发现未办理会签的施工应及时制止。

（二）防范措施

（1）市政施工依法办理相关手续、相关会签。

（2）燃气管网图纸要及时更新，到政府有关部门备案，确保其有效性。

（3）加强巡线员的业务培训，增强员工的业务技术水平，要求员工对地下管网的走向了然于胸，对施工地段进行 24 小时现场看护，跟踪监督施工进度。

☞ 专家提示：

要在做好管网资料备案的同时，加大与地方规划、建委、市政、燃气办等相关部门的联动，通过立法、行政等手段，从源头控制。要结合自身实际，创新工作方法，完善巡线工作机制，在传统人工巡线基础上，逐步采用电子安全巡检、GPS 巡线、方格网责任管理等多种有效方法，确保巡线工作真正责任到位、监督约束到位。重点施工现场，各单位必须专人负责，24 小时监控。燃气公司应根据燃气管道敷设、运行实际，增设标志桩、标志贴等警示标识；燃气管道施工严格按照燃气工程施工规范要求，铺设示踪带及警示带，

管道挖断处燃起的大火

并对相关的燃气设施安装防撞装置。要继续加大对沿线用户、施工单位燃气安全教育，确保管网运行安全。

灭火现场　　　　　　　　　扑灭大火后的事故现场

案例2　挖断煤气管线引发连环爆炸事故

一、事故经过

2010年5月9日9时30分左右，位于某市禹山西路618号档口正对的人行道上，市政道路扩建施工，挖掘机将煤气管线挖漏。喷涌而出的煤气迅速随风扩散，周围四五百米范围都能闻到气味。施工方用铁皮、泥土等东西试图堵住泄漏点的错误做法，导致泄漏的煤气无法顺利排出，被迫通过附近的下水管道，途经相通的管网散逸至更大范围，遇到火源发生连环爆炸。挖断煤气管道处，喷出煤气形成的火球，将离地面近3m高的几根通信线缆烧断。

二、事故原因分析

（一）直接原因

施工单位野蛮施工造成煤气泄漏、爆炸。

（二）间接原因

（1）施工人员对煤气管线的危险性、重要性认识不足，存有侥幸心理，认为不会挖到管线。

（2）施工挖断煤气管线，肇事方私自用铁皮和泥土试图堵漏，导致煤气经下水道扩散，引发周边多个管道口连环爆炸。

（3）燃气公司巡检巡护不到位，没有及时发现在煤气管线附近的施工。

三、事故教训及防范措施

（一）事故教训

施工方肇事后，应及时报警，拨打煤气抢险电话，不能私自堵漏填埋。这种错误的做法，导致泄漏的煤气无法顺利排出，被迫通过附近的下水管道，途经相通的管网散逸至更大范围，最后发生严重爆炸。

（二）防范措施

（1）对于经常在管网附近作业的施工单位，应定期进行燃气应急处置教育，让施工人员懂得必要的事故处理方法。

（2）安排专人对现场进行看护，指明管网走向及具体埋深。

（3）对重点地段要进行标志桩加密，标志桩敷设的位置要准确，以便起到有效告知的作用。

☞ 专家提示：

发生险情后，现场作业人员应立即对燃气公司进行有效告知，启动应急预案，采取正确的应急控制措施。燃气公司、消防、公安等部门应建立有效的联动机制，及时对事故进行处置。

烤焦的摩托车钢盔　　被烧断的通信光缆

事发路边一太阳伞被烧穿

案例 3 野蛮施工天然气管网遭破坏

一、事故经过

2013 年 9 月 15 日 17 时 37 分,某燃气公司负责供气的中压 PE110 燃气管线,被某施工队在河道清理时,挖掘机转臂损坏,导致管线弯头焊接处拉断。18 时 10 分,关闭此管段上下游阀门,721 户居民用户停气;20 时,完成漏点修复;20 时 55 分,完成复气。经查,前期燃气公司与此施工队签订了告知函,明确了管位并进行了现场确认,该施工队承诺停工期间不挖掘;后该施工队开工擅自在燃气管网附近挖掘,未通知燃气公司旁站监护,野蛮施工,造成管网破坏事件。

二、事故原因分析

(一)直接原因

第三方野蛮施工,造成管线被破坏。

(二)间接原因

(1)现场施工人员素质不高,图省事、减程序、赶进度,擅自野蛮施工。

（2）管网巡护、监护施工作业工作不到位，没有做到盯死看牢。

（3）管道施工现场，办会签的人员不是施工操作人员。

（4）管道强制保护技术手段不足。

三、事故教训及防范措施

（一）事故教训

地下管网施工作业时，施工单位应严格按照施工要求作业，开挖作业时应通知燃气公司旁站监护。燃气公司应严格施工现场管理，发现事故隐患时，要求施工单位立即整改。

（二）防范措施

（1）建立健全与属地辖区有关职能部门的应急联动机制。加强沟通协作，充分发挥城管、公安、消防等职能部门的执法作用，强化对事故事件现场的法律、行政处置效果。

（2）现场设置防管网第三方挖断的安全标识。在设置警示标识、铺设警示带、签订隐患告知书及增密标志桩的基础上，对施工现场附近并确定走向的燃气管线"插旗划线"，重要部位必须由监护施工单位采取人工挖掘，防止燃气管线被施工机械破坏。

（3）依靠科技手段，实行远程监控。完善 GIS 地理信息系统，确保管线位置精确。加强调度值班工作，盯紧 SCADA 系统流量显示，一旦发生流量异常立即进行核实。

（4）提高巡线质量，提升责任意识。对重要施工现场要盯紧看牢，重点盯住容易对管线造成影响的施工作业，24 小时监控，充分调动监护人员的积极性，严防死守，机不停、人不离。

（5）坚持"四不放过"的原则，深入分析事故原因，查找安全管理上的漏洞，做到早预防、早发现、早处置。

☞ 专家提示：

（1）燃气公司应与社区、消防等部门建立良好的社区公共关系。

（2）发动群众的力量，鼓励和奖励群众举报野蛮施工、非法施工事件，及时掌握燃气管线附近的施工动态，确保燃气管线安全。

（3）施工现场，24 小时专人监控，严防死守，机不停、人不离。

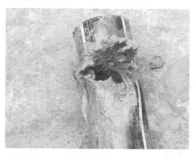 

断裂的管道　　　　　　　　　　被破坏的管道

案例 4　楼栋调压箱被撞事故

一、事故经过

2009 年 12 月 22 日晚 17 时 18 分左右，某市沈阳街 5 号楼调压箱被汽车撞坏，导致燃气泄漏。燃气公司人员到达现场后发现，肇事汽车将该调压箱高压端完全撞毁，无法关闭高压端阀门切断气源，根据实际情况将负责该区域的阀门井关闭，同时将该区域内的其余六座调压箱关闭，开始抢险维修。

二、事故原因

（一）直接原因

肇事车辆在倒车时，将燃气调压箱撞坏进而致使调压器高压端完全损毁。

（二）间接原因

（1）肇事司机安全意识不足，未注意燃气调压箱上的明显危险标识。

（2）燃气公司没有对调压箱进行防撞保护。

三、事故教训及防范措施

（一）事故教训

强化风险管理，对管网运行中可能发生的事故事件认真组织危害因素辨识、评价，制定控制预防措施。

（二）防范措施

（1）增加燃气设施警示标志标识，燃气管道应涂色醒目。

（2）加强设计初期管理，调压箱的安装位置应设在不宜被碰撞位置，并加装防撞护栏。

（3）加强用气安全知识宣传，引导用户群防群治，防范此类事故发生。

☞ 专家提示：

燃气调压箱安装位置应严格按照城镇燃气设计规范要求安装，应使调压箱（或柜）不被碰撞，露天设置应设置围墙、护栏或车挡。

案例5　中压钢管焊口开裂泄漏事故

一、事故经过

2009年8月2日17时41分，某燃气公司建设路与保健路交叉口的DN100mm钢管由于焊口开裂导致漏气，燃气公司工作人员立即关闭相应阀门井止气，对现场围观群众进行疏散，设立警示区域。18时49分，造成农业研究所5栋家属楼300户停气。18 时 55 分，抢险人员对漏气区域周边 7 个地下井进行放散、监护。抢险大队于 19 时 30 分开始抢修，至次日凌晨 1 时左右修复漏气管段，并于凌晨 2 时 30 分为停气楼栋恢复供气。

二、事故原因分析

（一）直接原因

中压钢管焊口开裂。

（二）间接原因

地面断层变动，钢管老化及施工质量问题。

三、事故教训及防范措施

（一）事故教训

特殊地段、极端恶劣天气、地面构筑物建设等条件下，可能对燃气管道造成损伤，应加密巡检频次，及时发现问题，确保管网运行安全。

（二）防范措施

对老化及地质活动频繁区域的阀门井、调压箱等燃气设备加强巡视力度，并密切关注周边易产生安全隐患的部位，发现问题及时报告，保证信息渠道畅通无阻。

开裂的钢管焊口

☞ 专家提示:

(1) 对穿越跨越处、斜坡等特殊地段的管道,在暴雨、大风或其他恶劣天气后应及时巡查。

(2) 燃气管道穿越电车轨道或城镇主要干道时宜敷设在套管或管沟内;在重要地段的套管或管沟端部宜安装检漏管,定期进行检测,发现问题及时处理。

案例 6　中压管材开裂爆炸事故

一、事故经过

2010 年 8 月 27 日凌晨 3 时 36 分,某市公安消防值班室接到报警:建设大道教育局对面"左邻右舍农家菜"和真心空气源专卖店内发生爆炸,引起火灾。消防大队在 3 时 38 分左右赶到现场,开始灭火、救援、警戒并运送伤员救治。燃气公司抢险人员于 4 时 7 分到达事故现场,4 时 20 分关闭燃气阀门,火全部扑灭。事故造成 2 人死亡、3 人受伤、4 间店面损坏、店内财产损毁。中压管道周围 2km 停气,7 个楼盘 800 户居民、4 家商业用户停气。

二、事故原因分析

（一）直接原因

建设大道 K2＋80 处天然气管道右侧下方 D315PE 管道泄漏,扩散至店内形成爆炸性混合气体,达到爆炸极限后,遇明火或火花引起爆炸燃烧。

（二）间接原因

(1) 选用的管材存在质量问题。敷设于人行道下的管道,埋设深度达 70cm 的情况下,在无明显外力冲击与重物碾压时发生纵向开裂。

（2）管道与爆炸房屋的安全间距不足。根据《城镇燃气设计规范》（GB 50028—2006）第6.3.3条规定，中压 A 燃气管道距建筑物基础的距离不小于1.5m，但事故管道距商铺的基础仅为0.48m，距离不符合要求。

（3）安全宣传不到位。周围群众知道这里曾经有天然气管道施工，但不知道是否已经通气，也不知道天然气的味道等知识。

（4）巡线管理有漏洞。巡查人员既是安全巡查员更应是安全宣传员，如果能对沿线群众咨询了解，除能了解到瞬时的重载碾压等情况，也能让群众了解天然气有关常识。

（5）场站运行监控失职。监控人员在发现流量异常增大后未采取任何措施。

三、事故教训及防范措施

（一）事故教训

工程建设的可靠性，是燃气经营单位安全运营的前提。运行管道的泄漏事故直接反映出工程质量、运行管理的问题。

这是一起偶发的管道泄漏事故，但也集中反映了燃气公司安全管控中人的缺失，安全巡检如能建立沿线定点联络人，沿途安全宣传如能深入人心、场站值守人员如能反应及时，这起事故或许就能避免。这起事故说明了燃气公司安全管理特别是对人的管理存在漏洞。

（二）防范措施

（1）加强工程监管，严格按技术标准验收原材料，从源头上杜绝不合格材料进入工地。

（2）严格执行国家和企业的相关标准进行监督、检查、管理和施工。

（3）有针对性地进行安全宣传，特别是管线沿途群众与终端用户的安全宣传与教育。

（4）加强员工特别是一线操作员工的业务技能和安全意识。

👉 **专家提示：**

　　燃气工程施工质量好坏关系到燃气管道能否长期稳定、安全运行，也关系到人民生命财产的安全，为确保燃气管网的安全正常运行、用户的安全用气，燃气经营企业应在施工阶段通过事前控制、事中控制和事后控制，保证燃气管道工程质量。

事故管道

案例 7　中压燃气管道焊口开裂爆炸事故

一、事故经过

　　2011 年 1 月 16 日 19 时 13 分，某燃气公司接到石化矿区服务事业部调度室电话，有群众报警称江山帝景小区 A 座楼走廊有天然气气味。燃气公司维抢修人员赶赴现场进行检测，但未找到漏点。19 时 55 分左右，关闭江山帝景 A、B 座楼栋阀门。维抢修人员继续检测，并通知居民用户做好疏散准备工作。20 时 19 分，燃气公司接到石化矿区服务事业部调度室电话，有群众报警称江山帝景南侧的通潭东区 3 号楼 1 单元走廊有天然气气味。现场处置人员赶到 3 号楼，发现二楼楼梯间的有线电视接线盒内有燃气浓度显示。

20 时 30 分开始，维抢修人员扩大燃气泄漏检测范围。23 时 12 分，维抢修人员关闭通潭东区调压站出口阀门，停止对通潭东区居民用户供气。维抢修人员继续对停气区域进行不间断检测，并疏散居民。2 时 28 分，扩大检测范围。4 时 40 分，对解放北路通潭东区西门以北路段实行交通管制。6 时左右，燃气公司正在进行燃气泄漏排查和准备抢修的过程中，石化矿区服务事业部办公楼辅楼突然发生爆炸。事故造成 2 人当场死亡，1 人送医院后经抢救无效死亡，33 人受伤。爆炸区域周边 14 栋楼的部分住户门窗玻璃、170 多辆车受到不同程度损坏、18521 户居民停气。

二、事故原因分析

（一）直接原因

中压燃气管道焊口开裂，燃气泄漏。

（二）间接原因

（1）事故管段处在低温冻土层，管道焊口应力不均；燃气泄漏后，在冻土下层往外扩散的泄漏点不确定，各方向均有可能，难于判断。

（2）因缺乏事故管段相关施工图纸、竣工档案等基础资料，影响了事故现场的判断和处置。

（3）低温情况下，现场使用的可燃气体检测设备使用时间稍长就失灵，增加了漏点查找时间，暴露出燃气专业检测设备配置比较薄弱的问题，没有燃气管道检测车等更专业的检测设备。

三、事故教训及防范措施

（一）事故教训

现场应急处置程序深度不够，岗位员工应急程序培训不够全面，处理复杂问题的经验不足；安全防范技术力量薄弱，燃气专业检漏技术设备缺乏，未完全实现对管网压力、流量等参数的实时在线监控；没有充分发挥好与地方政府、相关企业等应急处置联动机制的有效作用。

（二）防范措施

（1）加大地下管网、燃气设施的排查普查力度。进一步落实燃气管网、设备设施保养、维护、巡检工作。特别是对在建工程，要制定具体检测手段和防范措施，防范工程施工质量隐患。

（2）建立以库站中控室为中心的生产运行指挥系统，建立完善 SCADA、GPS、GIS 和 CIS 系统，实现对管网流量、压力、温度、浓度、管网方位、车辆运行等参数的实时监控，及早发现运行中出现的异常，运用技术手段防范事故事件，做到早发现、早预防、早处理。

（3）加强燃气专业检测及应急设备配备。配置各种可燃气体分析仪、加臭剂检测仪、燃气管道专业检测车等检测设备。配备带压封堵、应急移动式供气装置、蒸汽锅炉车、制氮车等燃气专业应急装备，切实提升技术装备保障能力。

（4）完善燃气泄漏现场应急处置程序。对照"报告、控阀、放散、检测、探边、禁火、撤人、警戒、处置、恢复"20字现场应急处置方针，制定详细的现场应急处置程序。

（5）健全各级应急机构，加强维抢修队伍建设，日常加强培训和演练，提升应急实战处置能力。

（6）开展全员风险识别，深入查找属地和周边的安全风险，提升员工安全风险意识和能力。

（7）加强与地方消防、公安、燃气等职能部门的联系，加强与企业周边相关方的协调，完善政府、相关方、企业应急联动协调机制。

当室外燃气管道发生漏点不明泄漏时，应按照发现报告、接警预警、出警处置、查找漏点、抢修恢复的工作流程进行现场处置。用户报警必须第一时间处置，并及时了解处置结果。

案例8　天然气泄漏引发两起火灾事故

一、事故经过

2013年7月28日早，某市匡时街69号四楼一住户打开热水器洗脸时候突然从下水道内冒出烈火，男子被烧伤。其邻居在得知情况后帮忙灭火并将其送往医院。此时，69号居民楼的居民们发现整栋楼内都弥漫着一股浓烈的天然气味道。燃气公司派来两个工人对现场进行检查并拉起了警戒线后离开了。

当天晚上，该栋楼8楼发生了火灾。8楼住户家中洗碗槽下方的下水道管被烧毁。28日晚上7时左右，燃气公司工作人员关掉了天然气总阀门，造成匡时街片区上千户居民在28日晚上7时左右停气。

二、事故原因分析

（一）直接原因

燃气管道泄漏，经过下水管道窜入居民家中，形成爆炸性混合气体。不明泄漏点未查明导致第二次火灾的发生。

（二）间接原因

（1）燃气管道运行期间，由于其他工程施工时造成了燃气管道防腐层损伤，燃气公司没有及时发现，施工单位也没有告知。

（2）工作人员思想上麻痹大意，应急处置不及时，处置不当。

三、事故教训及防范措施

（一）事故教训

这起事故暴露出社会各界对燃气管网保护工作的认识普遍不足，燃气经营企业相关宣传工作力度不足，对抢险人员业务培训不到位，施工人员安全意识严重欠缺等问题。

（二）防范措施

（1）加强对施工地段的现场监管，及时了解施工动态，掌握现场情况。

（2）加大对施工单位燃气安全教育，出现问题及时和燃气公司进行沟通。

（3）加强管线巡检巡查，并做好巡查记录。发现问题及时报告、分析和处理，避免事故发生。

（4）对用户的报警及所有险情或异常情况必须查证核实，发现问题及时报告、分析和处理，避免事故发生。

（5）加强员工的安全教育，增强工作责任心，认真履行岗位职责。

（6）加强抢险人员的业务培训，熟知抢险处置规定。

（7）严格执行抢险处置规定，切实落实管理人员、抢险人员安全责任。

🖎 专家提示：

（1）凡在燃气管道及设施附近进行施工，有可能影响管道及设施安全运营的，施工单位须事先通知燃气公司，经双方商定保护措施后方可施工。

（2）施工过程中，燃气公司应当根据需要进行现场监护。对用户的报警及所有险情或异常情况必须查证核实，特别是对不明气体气味，没有查明真实原因前绝不容许草率了事，要认真分析地下管网情况，扩大搜索探查范围，确实在短时间内无法判断的，要留人在现场值守，24 小时进行监测，直至隐患消除，以防止事故发生。

案例 9　中压管网第三方破坏事故

一、事故经过

2013 年 9 月 20 日 9 时 11 分，某燃气公司接到 110 指挥中心报警，称三合路与旭东街交口处燃气管线被挖断着火。接警后，值班人员立即按程序报告，并启动应急预案，应急抢险人员接到指令赶赴现场，关闭上下游阀门，排除险情。漏气管线于 9 月 20 日 12 时抢修完毕，开始恢复供气。此次事故，施工方不仅将燃气管线挖断，同时还将供电、供水、"天网"工程、路灯等管线及光缆设施损坏，涉及居民用户停气 3921 户，未造成人员伤亡。

二、事故原因分析

（一）直接原因

施工队野蛮施工，擅自使用沟机挖掘将管线挖漏。

（二）间接原因

（1）市政大规模、大面积集中施工，全都采用机械施工，给监护工作造成很大压力。

（2）施工管理存在转包、分包现象，临时租用人员、租用设备，现场施工人员素质不高，图省事、减程序、赶进度，擅自野蛮施工现象突出。

（3）办会签的人员不是施工操作人员。

（4）管网巡护、监护施工作业工作不到位。

三、事故教训及防范措施

（一）事故教训

管网第三方破坏事件，若发现不及时，处置不当，会造成严重次生灾害。

（二）防范措施

（1）强化施工现场监护管理，真正做到责任明确，严防死守，责任到人，确保监护到位。重点监护与燃气管线有交叉的供电、供暖等工程施工现场，做到盯死看牢。

（2）加强会签管理，加强与施工单位的沟通协调，主动出击，及时掌握施工信息，确保施工项目受控管理。

（3）加强事故现场警戒，防止明火产生，防止发生次生灾害。

（4）对每项工程可能涉及的管线及控制阀门事先做好处置程序，便于维抢修工作顺利进行，将损失和影响降到最低。

（5）在加强与市建委联合执法的同时，进一步加强同公安机关的密切协作与配合，以提高对事故现场的处置效果。

☞ 专家提示：

应加强与地方政府相关部门的沟通，加强燃气管线和设施的巡查力度，加强燃气知识的宣传力度，加大对第三方破坏的曝光力度，建立预防第三方施工现场燃气管道及设施破坏的全方位、全过程管理体系。

案例 10　单元引入管弯头与钢塑接头连接处环形开裂导致的爆炸事故

一、事故经过

2013 年 10 月 17 日 5 时 26 分，某市鸡冠区龙山国际小区 3 号楼发生燃气爆炸事故，事故造成该 3 号楼 1、2 两个单元部分房屋受损、大量物品受损、防盗门严重变形、门窗破裂、3 人死亡，24 人受伤。

二、事故原因分析

（一）直接原因

引入管弯头与钢塑接头连接处出现环形开裂，造成燃气泄漏窜入楼内达到爆炸极限范围引发爆炸。

（二）间接原因

（1）施工期间监管不严，竣工验收把关不严，未及时发现焊接质量问题。

（2）工程监理责任心不强，未能及时发现施工中存在的工程质量问题。

（3）日常巡检维护不到位，管线巡线人员没能及时发现燃气泄漏并处置。

（4）小区刚开通燃气，用户缺乏常识，对燃气知识不了解，安全意识淡薄。

三、事故教训及防范措施

（一）事故教训

施工质量是实现本质安全的根本保证；燃气泄漏是产生爆炸事故的根源，是城镇燃气的第一风险；加强安检，投产置换严格执行操作规程。

（二）防范措施

（1）加强工程质量管理，工序控制到点，严格遵循施工流程，提高隐患意识、责任心，确保工程质量。

（2）竣工验收环节严格把关，特别加强焊口检验。

（3）对燃气进行加臭，以便及时发现燃气泄漏。

（4）严格执行日常巡检制度，巡检时配备检测仪器，发现问题及时处置。

（5）加强燃气安全宣传，着重从燃气的特性、燃气使用、安全注意事项、燃气事故防范措施等方面对用户进行宣传，提升用户安全意识。

☞ 专家提示：

在燃气工程施工中，管道焊接是施工中的关键工序，也是燃气工程质量控制的重点和难点，因此对关键工序和部位的质量要在隐蔽前按程序进行严格检查。

事故现场

管网事故预防

（1）建立与地方政府有关部门的应急联动机制。燃气公司做好应急保障的同时，要充分发挥地方社区街道、公安、消防等职能部门的作用，在事故发生第一时间通知他们开展撤人、警戒工作，防止次生灾害发生。

（2）燃气公司应主动与建设主管单位、部门保持工作联系，及时沟通、掌握市政施工动态。同供水、供暖、通信等单位建立联动工作机制，互相通报、告知管线附近有无施工情况。

（3）加强与地方公安、建委职能部门沟通，强化对事故事件现场的法律、行政处置效果。

（4）加强对城镇燃气管道设计、安装单位的资质管理，不断完善设计、安装条件，严禁无资质设计和安装燃气管道。设计、安装单位，要严格质量管理，严格执行有关城镇燃气管道的法规和技术标准，确保设计和安装质量。燃气公司应对设计、施工、验收等进行全过程、全方位监管，保证在施工过程中不留隐患。

（5）燃气公司应加强燃气施工管理，确保燃气竣工图准确无误，图档资料及时更新、完善。建立和完善燃气管网地理信息系统，实施动态管理。

（6）燃气公司应根据生产运行情况，定期对燃气管道及其设施进行安全评估，确保安全运行。

（7）燃气公司应在主要调压柜安装无线远传装置，及时、准确判断漏点位置。充分利用 SCADA 系统，流量、压力、温度等参数异常，及时报警、处置，发挥调度应急指挥作用。

（8）燃气公司应加强设备设施的春秋检工作，更加注重各类阀门的管理，存在问题及时整改，确保关键时刻开关有效。

（9）燃气公司在传统人工巡线基础上，逐步采用电子安全巡检、GPS 巡线等方法，确保巡线工作真正落实到位。实行城区燃气管线方格网管理，落实方格网管理到人，做到城区管网片片到人、线线到人、责任到人。

（10）燃气公司发现在管线附近开挖沟槽、机械停放、搭建隔离带、工棚等施工迹象，立即与施工方联系，签定安全责任书，制定管线保护措施，填写施工联络单。

（11）施工现场在设置警示标识及"插旗划线"的基础上，对已探明并裸露出的燃气管线及重要部位，研究加装防护支架等装备，本质上防止燃气管线被施工机械破坏；对各施工单位做好施工现场安全措施交底，安排专门人员，加大巡线频次；重点施工现场，24 小时专人监控，严防死守，机不停、人不离；对危及燃气管网安全的施工行为及时制止，采取必要的安全措施。

（12）加强对交叉施工的监护管理，对在施工过程中损坏的防腐层等情况，要及时修复。

（13）燃气公司应制定应急预案，配备正常、完好、有效的应急物资，一旦发生管网破坏事故，应急人员应迅速到达现场，控制事故状态。为提高事故应急处置能力，需定期和不定期地进行应急演练。

（14）发生泄漏后，燃气公司应按照发现报告、接警预警、出警处置、查找漏点、抢修恢复五个阶段进行现场应急处置。

（15）燃气公司应加强燃气管道安全保护宣传教育，增强施工单位、管道沿线居民、市民的保护意识。发动群众的力量，共同防止第三方破坏事故的发生。

第二部分　液化石油气事故

案例1 违法使用液化石油气钢瓶 泄漏爆炸事故

一、事故经过

2011年11月14日7时37分许，某市高新区的一家腊汁肉夹馍个体餐饮商铺，员工在营业准备阶段打开店铺电灯及厨房操作间加热电炉开关后，门外公共通道及库房门口液化石油气钢瓶泄漏的液化石油气遇电器火源引发爆炸，造成该店员工、过往行人及在附近公交车站候车人员11人死亡、31人受伤、12间商铺（约1500m²）及53台车辆不同程度受损。

二、事故原因分析

（一）直接原因

商铺违法使用的3号钢瓶液相阀未完全关闭，致使钢瓶内液化石油气发生泄漏，且泄漏地点处于封闭状态，达到爆炸极限后，遇电器火源，引发爆炸。

（二）间接原因

（1）使用超过检验期限、报废及标识不清、来历不明的钢瓶。

（2）有关监管部门及工作人员履行职责不到位，致使液化石油气经营和使用环节监管缺失。

三、事故教训及防范措施

（一）事故教训

应强化安全责任落实，提高安全意识，合法使用液化石油气钢瓶。

（二）防范措施

（1）深入开展隐患排查治理行动，严厉打击非法充装、储存、经营燃气行为，加强对燃气使用环节的安全检查，严肃查处在高层建筑、人员密集场所违法使用钢瓶液化石油气的行为。

（2）燃气公司要依法严格落实企业主体责任，健全完善安全管理制度和事故应急救援预案，定期开展安全演练，加强对燃气从业人员的教育培训，严格禁止向超过检验期限、报废及标识不清、来历不明的钢瓶进行液化气充装，确保用气安全。

（3）加大对燃气用户的宣传教育，提高全社会燃气安全使用水平，提高全民安全意识和自防自救能力。

（4）燃气用户应使用燃气泄漏报警装置。

🖘 专家提示：

不使用无经营资质单位的液化气钢瓶；发现个人或单位使用非法钢瓶，请向当地安监部门举报。

案例 2　火锅店液化石油气钢瓶泄漏爆炸事故

一、事故经过

2012 年 11 月 23 日 19 时 52 分，某市喜羊羊火锅店突然发生液化气火灾爆炸。爆炸冲击波将门窗玻璃击碎，将一层、二层吊顶冲击坍塌，吊顶埋住正在就餐人员，同时将距事发地 28m 远的对面店铺门窗损毁、停放车辆的车窗击碎；将距事发地南面 6m 的居民楼窗户损毁。此次事故共造成 14 人死亡，47 人受伤，经济损失 1600 万元。

二、事故原因分析

（一）直接原因

地下室液化石油气钢瓶瓶阀和灶具阀门未关闭，导致液化石油气泄漏，并与空气混合形成爆炸性气体，达到爆炸极限后遇地下室靠近灶间冰柜的继电器火源，发生爆炸。

（二）间接原因

（1）火锅店主体责任不落实，安全意识淡薄，燃气使用失当；地下室住宿、厨房、仓库为一体，通风不畅；购买使用不符合国家标准的气瓶调压器及二手冰柜，这是造成事故的主要原因。

（2）液化石油气站作为燃气经营单位，未依法履行指导燃气用户安全用气，并对燃气设施定期进行安全检查的责任；所供气体不符合国家标准；充装气瓶管理不严格，气瓶编号、充装登记信息不完整，张贴充装标签和警示标签随意性大，存在擅自为非自有气瓶充装燃气的违规行为。

（3）当地政府及住建、消防、规划等职能部门，监管不到位，致使液化石油气经营和使用环节存在的安全隐患没有得到有效排查整治。

（4）火锅店房屋业主违规擅自利用房屋外的地下空间建设采光窗井，扩大了事故的伤亡。

三、事故教训及防范措施

（一）事故教训

加强液化气钢瓶的充装和使用管理；加强燃气用户的安全常识和使用宣传。

（二）防范措施

（1）加强人员密集场所的安全管理。对隐患较多的场所进行摸底排查，建立台账。对不符合安全条件，存在安全隐患的经营场所要及时进行告知，并监督整改。

（2）加强液化石油气经营使用各环节的安全管理。杜绝使用不合格和劣质产品，保障用户使用合格的液化石油气、燃气灶和调压器。

（3）向用户广泛宣传液化石油气安全使用的有关知识。

（4）要求所有使用液化石油气场所必须加装燃气泄漏报警器、强制通风等装置。

☞ 专家提示：

液化石油气钢瓶应放在通风良好的环境中使用，附近不得堆放杂物；使用合格的液化石油气钢瓶；充装前后设专人检查钢瓶，禁止向超过检验期限、报废及标识不清、来历不明的钢瓶进行液化石油气充装。

事故现场

案例 3　灶具意外熄火造成液化石油气泄漏爆炸事故

一、事故经过

2013 年 6 月 11 日 7 时 26 分，某燃气公司液化气经销分公司储罐场生活区综合办公楼突然发生液化石油气泄漏爆炸事故，爆炸导致该综合办公楼整体坍塌，楼内 20 名人员全部被埋。经公安消防干警和在场人员奋力抢救，被埋人员于当日 17 时 45 分全部找到，事故造成 11 人死亡，9 人受伤，直接经济损失 1833 万元。

二、事故原因分析

（一）直接原因

食堂负责人进入可燃气体浓度达到爆炸极限范围的厨房后，触动电器开关产生电火花引起爆炸。

事故的主要原因：食堂负责人未遵守《职工食堂管理制度》有关安全用气的规定，致使大锅灶灶头意外熄火后长时间泄漏；当班人员违反《运行工岗位责任制》规定，6 月 10 日下班时，未按规定关闭通向生活辅助区锅炉房和厨房供气管道的阀门，导致厨房液化石油气连续泄漏。

造成重大人员伤亡的重要原因：事发时正处于职工集中上班时间，职工进入综合办公楼更衣和办公。而综合办公楼建筑形式为砖混结构，爆炸产生的冲击波破坏了房屋的承重结构，导致综合办公楼坍塌。

（二）间接原因

（1）液化石油气安全使用培训教育不到位。食堂负责人忽视液化石油气安全使用规定，疏忽大意，夜间长时间无人值守蒸煮食物。

（2）安全管理制度不落实。储罐场对食堂有值班巡查制度，但未得到认真落实。储罐场运行工违反操作规程，未按规定关闭管道阀门，无人及时监督检查和制止。

（3）储罐场安全管理存在盲区。储罐场负责人及安全管理人员未认真履行安全管理职责，未定期检查食堂安全管理工作情况，未及时发现安全隐患。

（4）有关行政主管单位和燃气行业管理部门安全监管不到位。

三、事故教训及防范措施

（一）事故教训

自用气管理不到位，安全管理有死角。

（二）防范措施

（1）加强自用气管理，把自用气燃气设施列入巡检内容，加装自用气计量装置，安装燃气报警器及自动切断装置。

（2）加强生活辅助区隐患排查治理。在强化生产区安全管理的同时，要加大燃气行业生活辅助区隐患排查治理，做到早发现、早报告、早排除。同时，要完善事故应急救援预案，加强应急演练，提高应对突发事故的能力。

（3）加大燃气安全宣传和行业技能培训，通过典型案例分析，多渠道进行安全用气宣传，全面提高员工安全意识，提高燃气行业从业人员技能水平和用户的安全用气能力。

📖☞ **专家提示：**

应使用带有燃气熄火保护装置的燃气具；工业、商业等场所必须依据相关规定安装可燃气体报警装置，该装置必须与燃气进口切断阀和排风装置时刻处于有效联动状态；可燃气体报警装置要安装在有人24小时值守的房间内，并定期检定。

事故现场

案例 4 燃气表迸裂造成液化石油气泄漏爆炸事故

一、事故经过

2014 年 12 月 19 日 8 时 10 分，美食城中餐档口主厨孙某上班进入厨房后，打开了厨房灯，为中午 120 份盒饭备料。8 时 30 分，二厨刘某上班后打开燃气瓶组间钢瓶阀门，发现瓶组间燃气管道漏气，随即关闭表后阀门，并通知主厨孙某。孙某从厨房下来查看后，通知了老板娘，老板娘立即通知液化气站的刘某，要求立即维修（刘某在发生爆炸前未赶到现场）。此时厨房内共有三人，分别是主厨孙某、二厨刘某、切菜厨师张某，主厨应是面对灶具在离门口较近的位置，抬头就能看见燃气表，主厨和二厨中有一人在使用燃气灶具。9 时 13 分，燃气表迸裂，燃气迅速泄漏，主厨孙某最先发现，并往外跑，其他在厨房内外干活的人听到响声和喊声后也分别向外跑，当他们刚跑到厨房门外两三米远的地方时，泄漏的燃气遇明火发生爆炸，美食城大厅南侧窗户因爆炸后产生的气流冲击掉落至室外人行道上，将此时刚从一楼超市内出来的一名老人击中，造成其当场死亡，另有 10 人受伤。

二、事故原因分析

（一）直接原因

（1）燃气泄漏的直接原因。由于燃气施工工艺和设备选型不合理，皮膜式燃气表长期超压运行，最终导致北侧中餐档口厨房内燃气表迸裂，燃气在 0.2MPa 压力下迅速大量泄漏。

（2）燃气爆炸的直接原因。美食城北侧中餐档口厨房内泄漏的燃气浓度达到爆炸范围遇明火发生爆炸。

（二）间接原因

（1）液化气站安全生产主体责任不落实，非法安装燃气钢瓶、汽化器节能配套产品及敷设燃气管道。

（2）在施工过程中，液化气站违反《城镇燃气设计规范》（GB 50028—2006），美食城燃气工程没有设计，没有制定施工方案。施工完成后，没有按所在城市燃气管理条例的规定组织验收合格即交付使用。特别是燃气表选型不合理，燃气表最大承受压力是 0.05MPa，却在 0.2MPa 压力下长期超压运行，造成燃气表迸裂、燃气泄漏。

（3）液化气站未认真履行指导燃气用户（美食城）安全使用燃气，未及时消除美食城由于燃气管道压力大造成燃气表和管道分别两次发生损坏、泄漏的事故隐患，隐患排查治理不及时。

（4）美食城对燃气安装单位资质审验不严，使用无燃气安装资质单位敷设的，并未经验收合格的燃气管线及设施。

（5）美食城对自身安全不重视，对燃气泄漏爆炸危险性认识不足，发现燃气表和燃气管道分别两次发生损坏、泄漏情况下，未采取相关措施彻底消除安全隐患，带病运行。

（6）美食城日常安全管理不到位。管理制度和操作规程不健全；未组织对员工进行燃气安全知识、操作技能的培训。员工缺乏燃气泄漏应急处置安全知识和安全操作技能，在发现管道漏气后，没有按照合同约定关闭所有阀门停止工作，而是违规使用燃气设备点火，在燃气表超压发生迸裂后，大量燃气泄漏，使泄漏的燃气遇明火发生爆炸。

三、事故教训及防范措施

（一）事故教训

事故既反映出供气单位重经营，轻安全；又反映出燃气用户对员工燃气安全教育培训的缺失等问题。

（二）防范措施

（1）燃气经营单位和燃气使用单位要牢固树立法律意识、红线意识。切实落实管业务必须管安全、管生产经营必须管安全的原则，把安全责任落实到领导、部门和岗位，谁踩红线谁就要承担后果和责任。

（2）燃气经营单位和使用单位要切实落实企业主体责任。燃气经营单位一是在不具备燃气设备安装资质的情况下，不得违规为燃气用户敷设燃气管线。二是要针对本次事故暴露出的问题，立即组织进行隐患排查，加大安全投入，确保燃气系统的安全可靠，要完善并严格执行安全规程和操作规程，保证安全供气、安全用气。三是供气单位要认真做好用户安全用气知识的宣传教育工作，加强对用户安全用气的指导，提高用户安全用气管理水平及应急处置能力。使用户增强自我保护能力；四是用气单位要积极配合燃气供应单位对燃气设施进行定期的安全检查，燃气的使用单位必须使用持有相应资质证书的施工单位敷设燃气管线。在发现燃气设施或者燃气器具漏气时，不得动用电气设备，应当采取关阀停气、自然通风、避免用明火等措施，并立即通知燃气经营单位。五是用气单位要加强对员工燃气安全知识和操作技能的培训，使员工熟知和掌握必要的安全知识和技能。建立和完善应急预案，组织员工定期演练，增强应急处置能力。

（3）加大政府监督管理力度，保障燃气设施安全运行。燃气管理部门应当建立健全燃气安全监督管理制度，宣传普及燃气法律、法规和安全知识，提高全民的燃气安全意识。要加强燃气设施安全生产监督检查，督促、检查燃气经营、使用单位依法履行安全生产职责，消除燃气设施安全隐患。进一步完善燃气设施应急管理制度，进一步提高应急处置水平。

☞ 专家提示：

（1）应选择有资质的施工单位敷设燃气管线及设施，施工单位应结合工程特点制定施工方案，并应经有关部门批准。工程完工后经验收合格方可以使用。

（2）燃气表的选型应与用气负荷相匹配。

案例 5　球罐液化气泄漏事故

一、事故经过

2006 年 12 月 4 日 6 时 36 分，某市液化气公司后侧的一个容积为 1000m³ 的球形罐发生泄漏，形成 3 万 m³ 的毒雾气体。泄漏发生后，消防战士和民警紧急赶到现场，在液化气公司周边划出一个半径 2km 的隔离区，实行交通管制，禁止使用任何通信工具，扑灭明火并切断电源，疏散隔离区内所有居民。8 时 10 分，泄漏罐体主阀门被关闭后对现场大量的液化气进行稀释，8 时 20 分，关闭最后一个阀门，液化气泄漏停止。随后继续对泄漏液体进行稀释、驱散。8 时 47 分，经现场检测，事故现场液化气浓度已经低于爆炸下限，厂区外泄漏的液化气也在空气的稀释下达到安全指标，危机解除。外泄的液化石油气总量约为 49t。

二、事故原因分析

（一）直接原因

值班工人在用手工操作阀门排放储气罐底部的积水时，没有及时关闭阀门，造成罐内存放的高压低温液化石油气经由排水阀门外泄。

（二）间接原因

（1）作业人员违反操作规程，没有按照一人作业一人监护制度进行作业，没有按规定穿戴防护用品，并且在脱水操作前没用蒸汽进行暖阀。

（2）岗位操作程序不规范，没有明确开关阀顺序和阀门开关大小及冬季暖阀如何开启等。

（3）蒸汽暖阀设施不健全，造成脱水阀门冻结，脱水不畅。当阀门开到一定程度时，因内部压力过大，水和液化气同时喷出，造成液化气严重泄漏。

（4）管理层对监管不到位，两名作业人员均为新参加工作，而且未取得特种设备作业人员资格证书，属无证上岗。

三、事故教训及防范措施

（一）事故教训

（1）液化气爆炸的威力非常大，一旦处理不当，处理不好，会产生灾难性的、毁灭性的后果。

（2）一个小小的操作不当就能导致一次大规模液化气泄漏事故的发生，因此规范操作很重要。

（二）防范措施

（1）加强员工的安全教育，提高员工的安全意识，强化规范操作能力。特种作业人员必须持证上岗。

（2）制定规范的岗位操作程序。

（3）配备蒸汽暖阀设施，防止脱水阀门冻结。

（4）加强抢修抢险人员和重点岗位操作人员技能培训，定期组织各种模拟事故演练。

▮☞ 专家提示：

（1）制定规范的岗位操作程序可以有效防止违规造成的安全事故。

（2）提高各层次人员的安全素质，防止违章指挥、违规作业和违反劳动纪律行为，是做好安全生产的关键。

周围的村庄被"淹没"在液化气泄漏形成的毒雾中

（3）特种作业人员必须经专门的安全技术培训并考核合格，取得《中华人民共和国特种作业操作证》后，方可上岗作业。

案例6　液化石油气钢瓶使用不当导致的爆炸事故

一、事故经过

2014年9月19日8时30分左右，位于某市公寓一层北部的家乡瓦罐煨汤馆开门营业。11时20分左右，店主发现后门附近煤气味较重，疑有液化石油气泄漏，即打电话给送气工叶某叫其过来处理，店主妹妹即去通知旁边店面关闭火源。11时26分左右，店内突然发生爆炸。爆炸造成5人死亡、18人不同程度受伤。爆炸冲击波将该店门窗玻璃击碎，二层部分楼板混凝土冲击变形，相邻店面隔墙冲倒、门窗玻璃击碎，店面后侧的物业办公室、通道吊顶被损毁；距事发地20多米远的对面建筑部分门窗玻璃、空调外机防护板被损坏。

二、事故原因分析

（一）直接原因

液化石油气钢瓶使用安装不正确，操作人员错将本应连接在液化石油气钢瓶（YSP 118 - II 型）气相阀上的减压阀连接在液相瓶阀上，且减压阀安装连接不到位，导致瓶阀开启时液化石油气以液相状态大量泄漏并迅速汽化，与空气混合形成爆炸性气体，达到爆炸极限后遇电器开关、空调、电风扇等点火源，引发爆炸。

（二）间接原因

（1）瓦罐煨汤馆经营者安全意识淡薄，未建立安全管理制度，安全责任不落实，对店内员工安全教育培训不到位，在不符合安全规范的场所使用液化石油气钢瓶，未指定专人负责液化气使用管理，致使液化石油气瓶安装使用失当，导致液化气泄漏，引发爆炸。

（2）石油液化气公司及其供应站未严格落实相关安全管理制度，对客户管理及钢瓶管理失控；长期向不具备燃气运输资质、未取得送气工证的叶某提供经营性气源；未对送气工进行安全管理教育，向没有气化装置的用户提供"YSP 118 - II"型气液双相双阀钢瓶，致使发生接口连接错误，液化石油气泄漏引发爆炸。

（3）物业公司及其管理处未能认真履行安全管理职责，对存在违法占用、封堵消防疏散通道，违法使用燃气钢瓶的事故隐患督促整改不到位。

（4）有关行政主管单位和燃气行业管理部门安全监管不到位。对事发单位所在建筑消防疏散通道被占用，店家违规使用燃气钢瓶的情况检查、整改不到位，致使餐饮店面安全管理及液化石油气经营和使用环节监管存在漏洞。

三、事故教训及防范措施

（一）事故教训

加强客户管理及液化石油气钢瓶的使用管理。

（二）防范措施

（1）健全燃气安全管理监管体系，理顺燃气安全管理监管职责。

（2）加大燃气执法检查力度，严厉查处燃气行业违法行为。

（3）认真落实燃气企业安全主体责任，实行谁供气谁负责。

（4）加快管道燃气建设，鼓励用户使用管道燃气，压缩瓶装燃气使用空间，并推广应用燃气安全技术装置，主动防范燃气事故。

（5）加大城镇燃气安全科普力度，提高全民安全意识和自防自救能力。

📢 专家提示：

（1）凡使用双阀液化石油气瓶的单位，应按照 GB 5842—2006《液化石油气钢瓶》的相关规定要求供应厂商在钢瓶上粘贴《钢瓶安全使用提示》，提供《钢瓶使用说明》。应检查气相阀和液相阀的标识，凡无标识或标识不清的，应要求供应厂商正确、清晰地标识。在使用场所，液相阀处应有"禁止连接"标牌。

（2）使用双阀液化石油气瓶时，应连接气相阀并旋紧。双阀液化石油气瓶应安装回火防止器，检查确认瓶阀、减压阀、回火防止器、软管及各连接处无漏气且 10m 内无明火、火源后，方可使用。严禁连接液相阀。

案例 7　球罐破裂爆炸事故

一、事故经过

1999 年 12 月 18 日 14 时 7 分，某煤气公司液化气站的 102 号 400m³ 液化石油气球罐发生破裂，大量液化石油气喷出，顺风向北扩散，遇明火发生燃烧，引起球罐爆炸。由于该球罐爆炸燃烧，大火烧了 19 个小时，致使 5 个 400m³ 的球罐、4 个 450m³ 的卧罐和 8000 多只液化石油气钢瓶（其中空瓶 3000 多只）爆炸或烧毁，罐区相邻的厂房、建筑物、机动车及设备等被烧毁或受到不同程度的损坏，400m 远相邻的苗圃、住宅建筑及拖拉机、车辆也受到损坏，直接经济损失约 1627 万余元，死亡 36 人，重伤 50 人。

该球罐自投用后两年零两个月使用期间，经常处于较低容量，只有三次达到额定容量，第三次封装后第四天，即 18 日破裂。

该球罐投用后，一直没有进行过检查，破裂前，安全阀正常，排污阀正常关闭。球罐的主体材质为 15M$_n$VR，内径 9200mm，壁厚 25mm，容积 400m³，用于储存液化石油气。经宏观及无损检验，上、下环焊缝焊接质量很差，焊缝表面及内部存在很多咬边、错边、裂纹、熔合不良、夹渣及气孔等缺陷。事故发生前，上下环焊缝内壁焊趾的一些部位已存在纵向裂纹，这些裂纹与焊接缺陷（如咬边）有关。球罐投入使用后，从未进行检验，制造、安装中的先天性缺陷未及时发现和消除，使裂纹扩展，当球罐内压力稍有波动便造成低应力脆性断裂。

二、事故原因分析

（一）直接原因

球罐罐体低应力脆性断裂，发生泄漏导致爆炸。

（二）间接原因

（1）设计罐区与相邻企业、民用建筑安全距离不符合规范要求。

（2）施工质量存在缺陷，压力容器组装质量差。

（3）验收、使用前没有进行检验。

（4）企业不重视安全生产，不认真执行安全规章制度，不注意技术管理。

三、事故教训及防范措施

（一）事故教训

液化气储配库发生泄漏事故，后果十分严重，一旦处置不得当，会产生灾难性结果。液化气储罐作为压力容器，一旦在设计施工阶段留下隐患，将会在后期运行中产生恶果。液化气储罐在使用过程中不按照国家相关规定进行检验，会导致安全隐患不能及时发现。

（二）防范措施

（1）在球罐设计、制造、安装过程中要有专人负责严把质量关，特别是要保证焊接质量。必须经过质量检验部门检测合格，取得压力容器使用证。

（2）球罐投用后，燃气公司要提高安全意识，重视球罐使用周期的安全管理，严格实行定期检验。

（3）要建立健全必要的安全管控规章制度，提高管理人员和操作人员的专业素质。

☞ **专家提示：**

（1）液化气储存企业作为危险化学品经营单位必须严格按照国家法律法规、标准规范进行设计、施工、运行管理。

（2）球罐为危险化学品存储设备，由于其特殊性，从罐区选址、球罐安装完成后焊缝探伤检验和投运后定期检验都要严格执行国家规范，确保安全。设计图纸合规性、制造材料选用、安装组建过程中质量把关各环节都应该有专人负责。储罐及安全附件的运行、维护和保养，应根据站内设施的工艺特点及国家现行《压力容器安全技术监察规程》制定相应的规章制度。

（3）压力容器的设计、制造、安装、使用、检验、修理和改造，均应严格执行规程规定。

事故现场

案例 8 储装站清罐作业爆炸事故

一、事故经过

1996 年 10 月 6 日 17 时 05 分，某公司液化气储装站 1 号球罐清理过程中，发生爆炸事故，当场死亡 4 人，重伤 1 人。

根据压力容器定期检验的有关规定，对公司储装站的 12 具液化气、轻油储罐进行开罐检验。卧罐的前期打磨工作由市锅检所委托大强防腐保温队 19 人承担，施工队 8 月 5 日进厂，由安全科对其进行了安全教育（共进行了三次），8 月 7 日开始施工作业，完成了 8 具卧罐的打磨、清理和检验工作。9 月 25—26 日两天，施工队在销售公司工人的指导下，分别对 4 具 400m³ 球罐的进口、出口、排空、排污和压力平衡五条管线用盲板隔绝。28 日早晨，销售公司用蒸汽进行了吹扫置换。10 月 3 日由油田开发事业部化验室对 4 具球罐内的气体取样分析，并出具了化验分析报告。经分析，一号球罐内气体中丙烷浓度为 0.406%，异丁烷浓度为 0.249%，正丁烷浓度为 0.28%。

10 月 6 日 16 时 40 分左右，由保温队的 4 名操作工进罐进行打磨清理作业。17 时 05 分左右，罐内发生爆炸事故，使罐内作业的 4 人当场炸死，罐外配合作业的两人中一人受重伤。

二、事故原因分析

（一）直接原因

球罐内可燃气体残余凝聚或经不明途径窜入，遇作业过程中产生的火花，引起闪爆。

（二）间接原因

（1）作业过程中，没有对容器内的气体进行实时检测。

（2）施工人员没有严格执行规章制度，违反了作业前制定的安全操作规程。

（3）施工作业人员安全意识不强，没有对作业过程中的风险进行动态识别，没有对作业风险采取安全措施。

（4）管理人员没有严格执行检修作业规定，生产单位疏于对施工作业跟进管理。

三、事故教训及防范措施

（一）事故教训

（1）此次事故暴露出，生产单位对第三方施工作业单位管理比较薄弱，没有将安全生产管理制度落实到检修作业现场。

（2）施工作业人员安全意识不强，违规使用非防爆工具器材，对可能产生火花的作业没有制定防护措施。

（3）安全管理松懈，对作业过程没有有效监控。

（4）施工作业过程中没有进行有效的动态风险识别，在置换后随着气温变化仍然可能存在可燃气体的情况下没有采取相应安全措施，继续盲目施工，造成事故。

（二）防范措施

（1）生产单位和施工作业单位要共同对施工检修作业方案

进行审查，每一步作业都有切实的安全措施做保障。

（2）严格落实检修施工作业过程中生产单位和检修单位的安全责任，确保安全管理责任全面覆盖作业过程。

（3）施工单位要加强对作业过程检查监护，确保安全措施落实到位，杜绝各种违章作业。

（4）施工作业人员要增强风险意识，做好作业过程风险识别，采取相应的安全措施，确保作业安全。

☞ 专家提示

生产单位对第三方施工作业单位安全管控要覆盖施工作业全过程。第三方施工人员安全意识不强，执行制度措施不力，检查检测不到位引发此次生产亡人事故，生产单位尤其要督促第三方施工单位加强对施工人员作业检查监督。

案例 9　油气加注站检修储罐爆炸事故

一、事故经过

2007 年 10 月 12 日，某油气加注站存在安全隐患，暂停营业，进行检修。检修工作委托给太平洋公司负责，太平洋公司又转包给没有压力管道施工资质的威喜建筑安装工程公司。同日，太平洋公司用 10 瓶氮气分别将 1 号、2 号储罐内的剩余液化石油气物料压到槽车内，进行退料，至储罐液位表到零位后结束，但没有对液化石油气储罐进行置换。11 月 22 日，管道全部更换完毕。11 月 23 日 15 时，威喜建筑安装工程公司严重违反压力管道试压规定，擅自用压缩空气气密性试验代替对新更换管道的压力试验，并确定管道系统气密性试验压力为 1.76MPa。在没有用盲板将试压管道与埋地液化石油气储罐隔离，且储罐的液相管道阀门和气相平衡管阀门处于全开情况下，19 时，用空气压缩机将试压管道连同埋地液化石油气储罐一起加压至 1.2MPa，保压至 24 日上午。24 日 7 时 10 分，继续升压；7 时 40 分，焊工违章进行液化石油气管道防静电装置焊接作业；7 时 51 分，当将第 3 只单头螺栓焊至液化石油气管道气相总管，空压机加压至 1.36MPa 时，2 号液化石油气储罐发生爆炸，罐体冲出地面，严重损坏，其余两个埋地液化石油气储罐受爆炸冲击，向左右偏转，造成液化石油气罐区全部破坏，爆炸形成的冲击波将混凝土盖板碎块最远抛出 420 多米。

事故造成 2 名作业人员当场死亡，30 名附近居民和油气加注站旁边道路上行人受伤，其中 2 名伤势严重的行人在送往医院途中死亡，周边约 180 户居民房屋玻璃不同程度损坏，12 家商店及 70 余部车辆破损。

二、事故原因分析

（一）直接原因

在进行管道气密性试验时，没有将管道与埋地液化石油气储罐用钢制盲板隔断，液化石油气储罐用氮气压完物料后没有置换，与管道系统一并进行气密性试验，罐内未置换干净的液化石油气与压缩空气混合，形成爆炸性混合气体，电焊动火作业产生高温，最终引发爆炸。

（二）间接原因

（1）以包代管，将油气加注站的检修工作外包后，没有对施工过程的安全进行监督，致使承担检修任务的单位在检修过程中屡屡违反施工安全作业规程。

（2）层层转包，太平洋公司承接检修工程项目后，又将检修工程转包给没有相关施工资质的威喜建筑安装工程有限公司。

（3）检修计划不周密，施工过程中随意多次增加检修项目却不及时修改检修施工方案。

（4）没有按照安全检修要求对检修管道和设备内的气体进行置换，擅自用气密性试验代替管道的压力试验，在管道气密性试验时，没有将管道与液化石油气储罐用钢制盲板隔离。

（5）安全意识差，在油气加注站的检修过程中没有执行动火有关规定，在没有动火许可证的情况下擅自动火。

三、事故教训及防范措施

（一）事故教训

承包商安全管理松懈，以包代管，层层分包，无资质擅自施工，违章动火，管道强度、气密性检验混乱；工程施工作业要审查施工单位资质，严禁转分包，要签订安全协议；施工作业要严格按照 HSE 管理体系和相关规范要求进行，危险作业前要进行技术交底和人员培训，办理作业票，要加强施工现场的监管力度，严禁违章作业。

（二）防范措施

（1）认真吸取事故教训，严禁违章作业，充分利用各种方式对员工进行教育。

（2）加油（气）站要加强自身检修过程的安全管理，严格执行加油（气）站检维修施工安全管理规定。

（3）严格作业许可管理，特种作业要严格执行安全生产许可制度，切实落实作业人员、监督人员和管理人员的责任。

（4）要严格执行管道试压、气密性试验、盲板管理、动火和进入受限空间作业等安全规定，作业前要进行风险辨识，制定应急处置预案，制定相应的安全措施。

（5）强化承包商施工作业过程监管，严格落实施工过程中各项安全防范措施，控制危险作业现场人员数量，无关人员全部撤离施工现场。

☞ 专家提示：

在检修工作中，施工前必须制定科学合理的检修方案，施工中必须做到全程监控各个检修环节，对于管线打开作业应办理作业许可，进行能源隔离。按照检修方案施工，及时发现并消除不安全状况，竣工后必须对现场进行复查确认。

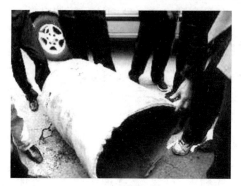

破损的储罐体

案例 10　槽车接卸用液相软管破裂泄漏事故

一、事故经过

2009 年 8 月 11 日晚 19 时许，某市气站一液化石油气槽车在向液化石油气储罐卸车过程中，因输液软管破裂发生泄漏事故。地方消防支队出动 12 辆消防车 89 名消防官兵赶往事故现场处置。事故过程中，23t 液化石油气持续大量泄漏，现场周边 3km 范围实施警戒，区域内人员全面疏散，气站半径 3km 区域进行全面断电。经过近两个小时的奋力抢险，成功关闭阀门，避免了一场恶性爆炸事故的发生。事故无人员伤亡。

二、事故原因分析

（一）直接原因

在向液化石油气储罐充装过程中，因输液软管破裂发生泄漏事故。

（二）间接原因

对装卸用软管检查不到位，未按规定定期检验。

三、事故教训及防范措施

（一）事故教训

液化石油气装卸车用软管，应定期到专业部门进行检验。按《液化石油气汽车槽车安全管理规定》的要求，装卸用耐油橡胶管每隔 6 个月至少进行一次气压试验。试验压力应不低于罐体设计压力的 1.5 倍。如有泄漏或其他异常情况，应予更换。由于液化石油气扩散迅速、危害范围大，易发生爆炸燃烧事故，应加强日常的安全管理和检维修管理。

（二）防范措施

（1）对装卸液化气作业最好使用专用的装卸鹤臂。如若使用高压软管卸车，应定期对软管进行检验或及时更换。

（2）严格执行日常巡检制度，巡检时配备检测仪器，发现问题及时处理。

（3）站内安装液化气泄漏报警装置，定期进行检验，保证其报警提示有效。

（4）制定液化石油气泄漏应急处置预案，组织员工进行演练，提高员工的应急处置能力和反应能力，定期组织评审。

（5）加强对员工的安全教育，提高员工安全意识。

☞ 专家提示：

（1）液化石油气槽车的液相软管快式接口处软管容易老化，造成接口脱落，发生泄漏。阀门、法兰连接密封面、压力表、安全阀（槽车顶部）、罐体、装卸车栈桥等部位都是液化石油气槽车容易发生泄漏的部位，应加强检查。

（2）槽车的定期检验分为年度检验和全面检验两种，槽车的定期检验由国家质量技术检验检疫总局授权的具有相应资质的检验单位承担。

事故现场

案例 11　液化气罐爆炸事故

一、事故经过

2008 年 9 月 4 日 15 时 30 分许,某供应站一辆微型货车满载着大小不等的 15 个液化气罐,由西向东行驶到一丁字路口时,车厢内装载的一个 50kg 容量的液化气罐突然发生爆炸。爆炸产生的巨大火球瞬间扩散开,距离爆炸点较近的 10 名过往行人和司机不同程度被烧伤。由于爆炸产生的巨大冲击力,扩散开的火焰将周围 9 家商铺的门面引燃。

二、事故原因分析

(一)直接原因

此辆液化气罐运输车搭载的发生爆炸的 50kg 液化气气罐在充装前已经在焊接处出现小裂缝,未检查出来,车辆行驶途中因颠簸使裂缝加大,泄漏加快,车辆在十字路口等待绿灯变亮后,启动点火发生爆炸。

(二)间接原因

押运员与驾驶员未发觉液化气泄漏,气瓶充装后工作人员未检验瓶体安全状况。

三、事故教训及防范措施

（一）事故教训

气瓶充装前要进行安全检查，不合格不充装。

（二）防范措施

气瓶充装前和充装完毕后工作人员要对气瓶安全状态进行检验，确保安全后方可出站。运输车驾驶员与押运员要在运输过程中定期检查气瓶有无泄漏等情况，如发现泄漏应及时熄火并报警。

☞ 专家提示：

根据《城镇燃气设施运行、维护和抢修安全技术规程》（CJJ 51—2006），灌装前应对在用液化石油气气瓶进行检查，发现下列情况不得灌装：未取得国家颁发制造许可证的生产厂生产的气瓶；外表损伤、瓶体泄漏、腐蚀严重、变形严重以及被判报废的气瓶；超过检测周期的气瓶；新投用的未置换或未抽真空处理的气瓶。液化石油气气瓶灌装后应对其灌装重量和气密性进行逐瓶复检，严禁超载。合格的气瓶应贴合格标志。

事故现场

案例 12　槽车行驶失控爆炸事故

一、事故经过

2008 年 10 月 22 日凌晨 2 时 17 分，一辆液化气槽车在穿过铁路线下方的公路涵洞时，罐体向左侧翻，罐体左前端与涵洞北口中间隔离墙相撞，车辆主挂分离，牵引车向前行驶 68m 后，罐内液化气泄漏起火爆炸，牵引车被烧毁。

由于事故地点位于铁路的涵洞下，加之罐中还有残液，为避免遭遇可能的继发事故，铁路暂时中断运行，公路交通也被暂时封闭。凌晨 4 时，大火被扑灭。通过对罐体降温和残液稀释，液化气的温度和浓度均降至爆点以下。下午 5 时，事故车体被吊离现场，公路恢复了畅通。事故造成 5 死 1 伤，并阻断铁路通车 6 小时。

二、事故原因分析

（一）直接原因

液化气槽车在下坡右转进入铁路涵洞时，由于车速过快，车辆外倾与涵洞隔离墙相挂。

（二）间接原因

液化气槽车驾驶员安全意识薄弱，驾驶技能较低，违反交通规定行车，在危险路段行车时没有采取基本的减速行驶的措施。

三、事故教训及防范措施

（一）事故教训

该事故暴露出危险品运输车辆及驾乘人员的管理薄弱，尤其对在外运输车辆缺乏有效监督管理。长途运输车辆行经路况比较复杂，行驶安全全靠驾驶人员的安全意识和驾驶技能来保障，从事故经过来看，驾驶人员安全意识不强，对行车路线状况不熟悉，在下坡右转后没有准确的判断车辆位置，发生擦剐导致事故。

（二）防范措施

（1）危险化学品运输车辆安装车载监控系统，加强对车辆行驶途中的监督检查。

（2）健全危险化学品车辆驾驶人员安全教育制度，通过定期组织交通事故案例学习，增强驾驶人员的安全意识。

（3）在交通枢纽、道路事故救援条件不佳地段前对危险化学品车辆进行分流，或在该路段设置限速、减速等安全标志或措施。

☞ 专家提示：

液化气运输不同于一般车辆运输，一定要按照国家关于危险化学品及液化石油气运输规定安全驾驶，防范事故。

事故现场

案例 13　槽车倾覆事故

一、事故经过

2009 年 1 月 4 日，一辆液化气槽车沿 310 国道由西向东行驶，由于驾驶员过度劳累操作不慎，行至麦积区山岔乡岭西村时发生翻车事故，撞折了路旁电线杆，车辆向前滑行30多米并冲下路基。该市公安消防支队指挥中心接到报警后，赶赴现场，与交警支队取得了联系，迅速联系了70t和65t吊车各一辆。15时46分，液化气槽车被成功吊起。为了确保安全，消防官兵利用水枪对现场进行全方位的稀释、冷却。16时42分，移罐成功险情排除，避免了一起重大恶性事故的发生。

二、事故原因分析

（一）直接原因

因驾驶员疲劳驾驶，对前方路况观察不足，在发生紧急情况后操作不当，车速过快导致车辆侧翻，造成此次事故。

（二）间接原因

（1）驾驶员缺乏驾驶经验，应急处置能力不足，对车辆行驶中的危险因素识别不到位，安全意识不强。

（2）运输单位对长途车的安全管理存在漏洞，选派驾驶员时考虑不足，对驾驶员的培训教育不足。

三、事故教训及防范措施

（一）事故教训

液化气槽车长途运输是一项危险系数较高的作业，运输单位应根据个人的技术能力、驾驶经验、驾驶年限、身体状况等条件和任务的复杂程度来选派适合的驾驶员，出车前应进行危险因素的辨识，对驾驶员进行安全教育，严禁违章驾驶。

（二）防范措施

（1）在车中安装超速提示器，有效提醒驾驶员控制车速。

（2）经常开展交通安全常识的宣传和教育工作，不断提高驾驶员应对和处置突发事件的能力。

（3）规范长途车管理，执行长途车审批手续。规定驾车时限，严禁疲劳驾驶。

（4）车辆安装 GPS 系统，对车辆进行实时监控。

☞ 专家提示：

疲劳驾驶车辆，驾驶员会感到困倦瞌睡，四肢无力，注意力不集中，判断和反应能力下降，甚至出现精神恍惚或瞬间记忆消失，出现动作迟误或过早，操作停顿或修正时间不当等不安全因素，极易发生道路交通事故。

排险现场

案例 14　液化气槽车泄漏事故

一、事故经过

2008 年 12 月 24 日 14 时 10 分，某液化气公司接到请求救援电话称：在顺义区李桥镇南庄头村京平高速路附近有一辆液化气槽车与大桥发生刮擦，槽车顶部发生液化气大量泄漏事故，请求支援。

液化气公司接到通知后，立即赶往事故现场。事故液化气槽车属外省市槽车，驾驶员由于对道路不太熟悉，桥洞没有限高标志，在横穿京平高速路底部桥洞时，将车顶部的安全阀门撞坏，从而造成大量的液化气外泄。政府消防、交通和安全部门应急处置队伍接到报警后已在周围 500m 范围内设立了警戒线。抢险人员穿戴液化气抢险服，立即到槽车顶部查看了液化气槽车漏气情况，确认槽车顶部装设安全阀的根部法兰一条螺栓断裂，无法使用木楔或专用法兰进行完全堵漏。经与政府现场应急抢险指挥部会商，决定采用棉被或麻袋将其覆盖后，用水浇湿，水与泄漏出的液化气冻结后将泄漏点堵塞，减少泄漏量，然后由应急抢险车队警车开道护送，将事故槽车送往最近的液化气站将车中的液化气卸净。19 时完成槽车卸车工作，危险得以解除，应急抢险结束。

二、事故原因

（一）直接原因

槽车驾驶员对道路不太熟悉，桥洞没有限高标志，在横穿高速路底部桥洞时，将车顶部的安全阀门撞坏。

（二）间接原因

（1）槽车驾驶员安全意识淡薄，在危险路段行车时没有采取基本的减速行驶措施。

（2）危险路段没有设置限速、限高等安全标志或措施。

三、事故教训及防范措施

（一）事故教训

危险品运输车辆驾驶人员在行经路况比较复杂的危险路段时，由于驾驶经验不足，没有准确判断车辆高度，发生剐蹭。

（二）防范措施

（1）在车中安装超速提示器，有效提醒驾驶员控制车速。

（2）车辆安装 GPS 系统，对车辆进行实时监控。

（3）提高驾驶员安全意识，严禁疲劳行驶、超速行驶，加强驾驶技能培训，提高对突发事件的处置能力。

（4）危险路段设置限速、限高等安全标志或措施。

☞ 专家提示：

（1）运输危险化学品要选择道路平整的国道、高速公路等主干线，不能走情况复杂的道路。

（2）万一发生泄漏，要迅速开往空旷地带，远离人群、水源。一旦发生交通事故，要扩大隔离范围，并立即向有关部门报告。

（3）危险化学品运输企业应加强长途车辆的管理，通过GPS系统，对铁路、公路槽车行驶情况进行全程监控，杜绝违章行车。

案例 15 槽车侧翻引发的爆炸事故

一、事故经过

2012 年 10 月 6 日 12 时 04 分左右，某高速公路一隧道口，发生一起因液化石油气槽罐车侧翻，罐体内装二甲醚泄漏引发的爆炸事故。此次事故造成该车两名驾驶员王某和叶某在该车侧翻后当场死亡。在救援过程中，因该车罐体内装的二甲醚泄漏引发爆炸，造成了公安消防大队胡某、吴某、杨某当场牺牲，沈某、龙某 2 名队员被爆炸的高温火焰烧伤背部，部分群众不同程度受伤，两台消防车及部分消防救援设施设备烧坏或受损，该高速公路部分路政设施、部分过往车辆、部分民房不同程度受损，直接经济损失达 2161 万余元。

二、事故原因

（一）直接原因

液化石油气槽罐车侧翻后罐体内二甲醚泄漏，因移动通信信号放大器供电电源线路短路放电引发二甲醚蒸汽云连环爆炸。

（二）间接原因

（1）公司没有落实安全生产主体责任，没有落实对所属车辆的动态监控制度，没有发现事故车辆超速行驶和疲劳驾驶，没有按规定及时纠正和处理超速、疲劳驾驶等违法驾驶行为。

（2）公司聘用工作人员把关不严。聘用持假危险货物运输驾驶员从业资格证的叶某从事液化石油气运输。

（3）任意改变罐体充装介质。质量技术监督局给事故车辆颁发的移动式压力容器使用登记证核定的充装介质为液化石油气、丙烷，但该事故车辆充装的却是二甲醚。

（4）在事故救援过程中，故意隐瞒槽罐车充装二甲醚的事实真相，导致事故扩大。

三、事故教训及防范措施

（一）事故教训

这是一起危险化学品生产经营企业没有落实企业安全生产主体责任，安全管理混乱，严重违反国家有关法律法规，而导致的危险货物运输交通事故抢险救援时发生的责任事故。

（二）防范措施

（1）落实安全生产主体责任，落实单位管理制度，完善安全生产责任制，认真履行工作职责。遵纪守法，依法经营，依法管理。

（2）严格执行国家法律、法规和行业标准，严格遵守操作规程，加强从业人员的教育培训，特种作业人员必须持证上岗，增强员工的责任意识和安全意识。

（3）加强日常监督管理，排查隐患，严格执法，切实加强对涉危行业的安全管理，杜绝类似事故发生。

（4）加强危险物品运输事故救援联动机制建设，完善高速公路与地方政府相关应急救援预案建设，做到机制完善，分工明确，措施得力。

（5）进一步提升管理水平，强化预防措施，防范危险物品运输事故，加强高速公路与地方部门间应急救援演练，从应急救援装备、应急物质储备、应急专业人才等方面提升应急救援的能力。

☞ 专家提示：

槽罐车是危险化学品的主要运输工具，充装介质应与移动式压力容器使用登记证核定的充装介质相符，严禁自主充装其他介质。

案例 16 铁路槽车高位阀泄漏事故

一、事故经过

2008年10月31日18时56分，某液化气公司自备车重车编组××次列车途经惠农站时，随车押运员19时00分在惠农站停车例行检查时发现六节车厢中的××车人孔盖内有液化气泄漏声音，因车辆上方有电网不能上车确认，按照应急预案立即报告惠农车站，要求停电在罐体顶部进行液化气泄漏处理。经双方确认后，车站立即启动应急预案，会同公安进行现场勘察、疏导，19时53分拉闸停电，19时56分，押运员上车对人孔盖内检查，发现是高位阀泄漏，用工具紧了一下就不漏了。又发现压力表玻璃有裂纹，关闭截断阀并更换新的压力表，并确认压力表压力正常，无泄漏。20时05分处理完毕。20时08分恢复供电。21时20分列车从惠农站发出。

押运员处理完事故后到货运室写了事故经过。怕讲不清楚，就将高位阀泄漏原因写为压力表坏，更换好了新表可以开车，没有将高位阀泄漏故障写上，以防引起其他麻烦。

二、事故原因分析

（一）直接原因

该车 10 月 24 日装车，经过长时间的运行震动，高位阀阀芯杆及压母松动，液化气经阀芯杆间隙泄漏。高位阀是截止阀，其压盖结构是一个压母，可以随阀开关动作而转动，压母面接触很小，不易压紧，易发生泄漏。

（二）间接原因

（1）"三方会检"执行不到位，封车检查不认真造成车辆带病运行。

（2）押车员出车前提出异议，发车人员缺乏责任心，允许发车。

（3）车辆在途过程中押运员对车辆的检查不彻底。

三、事故教训及防范措施

（一）事故教训

（1）仔细管理自备车、押运员，组织好槽车的检维修工作，对槽车检维修情况要形成记录，跟踪验证检维修质量，杜绝事故隐患。

（2）应急预案的演练要常态化。事故并不是每个人都能碰到，但碰到事故却要求员工有处理事故的能力。因此，应急预案演练非常重要。

（3）杜绝事故是重中之重。铁路相关部门遇到危险货物泄漏这类事故第一时间就是将事故单位的车辆停运，车辆停运将给公司造成严重损失，从这个意义上说，只有保证了安全才能保证效益。

（4）据押运员反映，事故车压力表从发车领表时就存在问题，当时押运员提出异议，但发车人员说没有问题。但依据对事故四不放过原则，"裂纹压力表"是事故隐患之一，在自备车设备管理中存在漏洞。

（5）在应急事故处理中，押运员存在迟报和瞒报行为，信息失真，没有及时将情况全面真实地报告。押运员的教育、培养亟待加强。

（二）防范措施

（1）做好事故的调查处理工作，深刻吸取事故教训，配齐所缺押运员。对迟报、瞒报、谎报、不报单位给予警告、罚款、终止合同关系等处罚。

（2）建立长效机制，要求对各采购点站对站停空车、重车的安全附件进行严格细致的检查和现场维护，查找隐患并进行整改。

（3）压力表、灭火器到期前及时更换，做好台账登记。

（4）严格按照《铁路危险货物运输管理规则》《液化气体铁路罐车安全管理规程》的要求，对车辆装前小修、车辆发出前认真执行三方会检制度，安排专人对车辆检查并签字确认。特别是有些关键点：装车前、装车后、封车前等重点检查阀件及安全附件是否牢固完好。

（5）自备车管理中心要制定严格的铁路液化气槽车检维修计划，并组织好槽车的检维修工作，对槽车检维修情况要形成记录，跟踪验证检维修质量，对检维修质量差的单位及时予以剔除。同时，自备车管理中心要加强与车辆运行线路沿途各站、段有关部门和人员的沟通、联系，建立良好的通讯联动机制，跟踪槽车运行动态，杜绝槽车带病运行和违规使用。对到期的仪表、附件按期进行校验，需要更换的仪表附件要立即更换，做好槽车的日常维护及管理工作，杜绝事故隐患。

（6）加强对铁路槽车安全管理工作的监督力度，组织专项安全检查，对没有及时落实检查要求的有关单位进行通报处理，严把监督关。

☞ 专家提示：

（1）铁路液化气槽车押运员上岗前必须经铁路部门指定的

专业教育机构培训，并取得《铁路危险货物运输业务培训合格证》《铁路危险货物运输业务押运员证》才能上岗。

（2）在押运员封车过程中以及上车发运前对槽罐车所有部件的结构、原理和性能进行考试，力争做到使押运员熟练掌握有关知识技能。

（3）加强押运员的在途管理。定期组织押运人员安全教育，使其熟练掌握公司安全生产的有关要求、应急处置的程序。

压力表玻璃有裂纹　　　　　　　泄漏的高位阀

液化石油气事故预防

一、户内事故

（1）充装（或换购）液化石油气钢瓶要到正规、具备液化石油气充装资格证的液化石油气公司站点充装（或换购）。

（2）液化石油气钢瓶在搬运和使用过程中要防止气瓶坠落或撞击，不准用坚硬物品敲击开启瓶阀。

（3）液化石油气钢瓶要放在通风良好、阴凉的地方，与火源、热源的间距不应小于1.5m。气瓶不准用火烤、开水烫或在阳光下暴晒。要经常用肥皂水检查气瓶阀门和管路接头等处的气密性，严禁用明火试漏。

（4）点火时，应先点燃引火物，然后开气，不应颠倒这个顺序。在使用过程中应有人看守，不要离开，防止水沸溢出使火熄灭，造成液化石油气挥发引起爆炸。气瓶使用后，必须关紧阀门，防止漏气。

（5）严禁倾倒液化石油气残液。液化石油气钢瓶内气体用完后，瓶内所剩的残液也是一种易燃物，不得自行倾倒，防止因残液的流淌和蒸发而引起火灾。

（6）建议安装可燃气体浓度报警切断装置。

（7）用户发现漏气时，应立即关闭液化石油气钢瓶阀门，打开门窗通风，切断火源，切勿启动和关闭任何电源、电器设施（排风扇、抽烟机、电源开关等），防止产生火花，及时到户外报修。

二、库站事故

（1）燃气公司应加强工程施工监管和工程验收，对工程进行全过程监管。

（2）特种设备应办理使用登记证，建立安全技术档案，并定期检验。储罐的设计、制造、安装、检查和验收应符合规范。储罐在投入使用前必须办理压力容器使用登记，并建立压力容器技术档案。储罐应按《固定式压力容器安全技术监察规程》的规定，定期进行检验，其液面计、压力计、温度计、呼吸阀、阻火器、安全阀等附件应齐全完好。

（3）燃气公司应定期对场站进行安全评价，对存在的危险、有害因素制定合理可行的安全对策措施并实施。

（4）燃气公司应开展库站危险源辨识工作，根据危险源辨识和风险评价的结果，制定、完善相应的管理制度和措施，严格执行并定期评审。

（5）燃气公司应制定投产置换、液化气装卸、钢瓶充装、设备操作和检修等规程操作，并严格执行。

（6）燃气公司应加强对作业人员的培训和管理，严格岗前培训，取证、复证培训，采取行之有效的措施杜绝违章作业。

（7）燃气公司应充分利用好站控系统，实时监测压力、液位、温度、密度等参数，出现异常，及时处置。

（8）燃气公司应加强对生产装置和设施、安全防护设施的检查维护。

（9）燃气公司应做好设备检修工作。施工前必须制定科学合理的检修方案；施工中必须做到全程监控各个检修环节，及时修正不安全状况，按照检修方案施工；竣工后必须对现场进行复查，确认安全状态。通过对设备检修、更新、改造，确保设备完好，同时加强日常检查和维护，及时处理各类安全隐患。

（10）终端充装作业要积极推进气瓶电子标签信息管理系统的应用，严格依据规范检测气瓶，不合格气瓶坚决不充装。

（11）燃气公司应制定应急预案，定期组织开展应急演练，提升各级人员的应急处置能力；与政府相关部门建立联动机制，提升应急救援协作水平；坚持"属地管理、分级响应、就近处置"的应急管理原则，确保突发事件第一时间第一现场有效控制。

（12）燃气公司应向周围单位和居民宣传和告知有关危险化学品的防护知识及发生事故的急救办法。

三、运输事故

（1）危险化学品运输实行资质认定制度。应确保危险化学品承运企业按国家有关规定办理危险化学品运输资质，未取得相应资质，不得从事危险化学品运输。

（2）运输、装卸，应按危险化学品的危险特性，采取符合规定的安全防护措施，配备应急处理器材和防护用品。

（3）危险化学品运输企业应当按照《压力容器定期检验规则》要求，定期向国家特种设备安全监督管理部门核准的具有检验资质的单位申请槽罐车的定期检验；充装介质应与移动式压力容器使用登记证核定的充装介质相符，严禁超量充装和自主充装其他介质。

（4）危险化学品运输企业应对驾驶员、装卸管理人员、押运人员进行有关知识培训。驾驶员、装卸管理人员、押运人员必须掌握危险化学品运输的安全知识并经所在地的市级人民政府交通部门考核合格，取得上岗资格证，方可上岗作业。

（5）通过公路运输危险化学品，必须配备押运人员，并随时处于押运人员的监管之下，不得多装、超载。

（6）运输车辆必须保持安全车速，保持车距，严禁超车、超速和强行会车；运输车辆必须按指定的路线和时间运输，不可在繁华街道行驶和停留。

（7）运输危险化学品途中需要停车住宿或者遇有无法正常运输的情况时，应向当地公安部门报告。

（8）危险化学品运输企业应加强单位内部安全检查，通过GPS 系统，对铁路、公路槽车运行情况进行全程监控；严肃车辆使用程序，杜绝违章违纪行车；严查酒后驾车、疲劳驾驶、不系安全带等行为。

（9）危险化学品运输企业应做好槽车和安全设备的检修工作。通过对槽车和安全设备检修、维护保养，确保槽车和安全设备完好，同时加强日常检查和维护，及时处理各类安全隐患。

（10）危险化学品运输企业应定期开展车辆检验，对车辆性能、防静电装置、灭火器进行检查，定期排查事故隐患。

（11）运输易燃、易爆物品的机动车，其排气管应装阻火器，并悬挂"危险品"标志。

（12）危险化学品运输企业应制定应急预案，定期组织开展应急演练，提升各级人员的应急处置能力；与政府相关部门建立联动机制，提升应急救援协作水平；坚持"属地管理、分级响应、就近处置"的应急管理原则，确保突发事件第一时间第一现场有效控制。

第三部分　压缩天然气事故

案例 1　加气站压缩机故障引发爆炸事故

一、事故经过

2006 年 7 月 6 日早晨 7 时 40 分左右，某市丰禾路一加气站突然发生爆炸。10 多分钟后，公安局消防支队到达现场，经过半个多小时的奋力抢救，火焰被扑灭。

据了解，该加气站的天然气是从地下天然气管道里冒出的，爆炸发生后，管道内的天然气从受损的压缩机气缸内喷涌而出。事故造成一名加气员工死亡。

二、事故原因分析

（一）直接原因

压缩机气缸冲顶，破损口瞬间压力过大，进而引发了天然气泄漏爆炸。

（二）间接原因

（1）丰禾路加气站设备房内加装了两间压缩机防爆房，"房子套房子"不利于天然气的排放，容易增加房内气体浓度。

（2）天然气泄漏遇明火发生爆炸。

三、事故教训及防范措施

（一）事故教训

卸车点与站内道路间的防火距离不应小于 2m。天然气加气站储气设备间，应采用开敞式或半开敞式厂房，有利于可燃气体扩散和通风。

（二）防范措施

（1）加气站设计和施工严格依据《汽车加油加气站设计与

施工规范》进行。

（2）压缩天然气拖车卸车点，站内车辆应有有效隔离。

（3）严格压缩天然气加气站管理，教育用户加气期间禁止打手机、抽烟等违章行为。

（4）加强对压缩机等设备、设施的维护保养。

☞ 专家提示：

燃气设备设施的设计、施工、运行与维护应遵循相关标准、规范进行。

案例 2　加气站气瓶爆炸事故

一、事故经过

2004 年 2 月 13 日中午，位于丰庆路的一座天然气加气站发生爆炸事故，并燃起大火，造成 1 人当场死亡，至少 3 人受伤，正在加气的一辆公交车和 4 辆出租车被烧毁，加气站报废。

二、事故原因分析

（一）直接原因

出租车在加气过程中，其车用压缩天然气全复合材料气瓶爆炸后起火蔓延引起爆炸。

（二）间接原因

（1）新车气瓶置换过程存在漏洞，为气瓶充装埋下隐患。

（2）加气人员麻痹大意，安全意识薄弱，已发现有异常声响，却未及时停止充装并采取控制措施。

三、事故教训及防范措施

（一）事故教训

市面使用天然气的出租车，很多都是经过改装的，部分司机为节省费用在非法改装点进行改装，加装的压缩天然气气瓶质量和性能难以保证。加气工加气前应检查气瓶的合格证和年检手续。

（二）防范措施

（1）加气人员严禁为无证、私改、超期服役的不合格气瓶进行加气。

（2）加强员工的安全教育，培训辨别异常问题的方法，提高员工的应急处置能力。

（3）严格执行加气站安全管理规定，加强车辆入站管理，严禁车辆载人加气，要求入站车辆自觉有序进行充装。

（4）对进站司机加强安全教育，提高司机安全意识，使司机明白使用合格气瓶的重要性。

☞ 专家提示：

天然气汽车的改装、压缩天然气气瓶的检测与维修应到有专业资质的单位办理。车用压缩天然气气瓶应按照规范要求，定期进行检验和评定。

灭火现场

案例 3 不合格气瓶充装爆炸事故

一、事故经过

2006 年 4 月 17 日上午 10 时 20 分，鱼洞 CNG 加气站内发生一起爆炸事故：一辆奥拓车在加气时气瓶突然爆炸，气瓶飞出百余米外，泄漏气体冲起数米高。疑为使用不合格气瓶，车主右臂被炸断，当场昏迷不醒。

上午 11 时，加气站工作人员在附近找回了奥拓车的气瓶。该气瓶已锈迹斑斑，形状也不同于正规的钢瓶气罐，而类似家用煤气罐。

二、事故原因分析

（一）直接原因

不合格气瓶在充装过程中导致爆炸。

（二）间接原因

加气站气瓶充装前后检查不严格，未能杜绝不合格气瓶充装。

三、事故教训及防范措施

（一）事故教训

杜绝为不合格气瓶充装。

（二）防范措施

(1) 严禁使用不合格气瓶。

(2) 严格气瓶充装前后检查。

(3) 加强对进站司机的安全教育和宣传。

☞ 专家提示：

CNG 加气站加气机额定工作压力为 20MPa，属高压，一旦充装不合格气瓶，势必引起气瓶爆炸。《城市燃气设施运行、维护和抢修安全技术规程》规定，被加压缩天然气的在用气瓶应保持正压，加压压力不得超过气瓶的工作压力，严禁给无合格证和有故障的车辆加气。

洒水稀释空气中的天然气

案例4 压缩天然气槽车起火事故

一、事故经过

2009年12月7日晚，海南某公司CNG工厂3名当班充气工于23时45分接班后，对7号、24号、28号3部装气槽车进行充装气。充气工要求司机拉走上一班已充满气的25号车，该车押运员与司机违章操作，错拉了正在充气中的24号车，拉断了充气加气机，造成瞬间起火。事故发生后，消防队接到消息，出动8辆消防车，1小时才将大火扑灭。

二、事故原因分析

（一）直接原因

司机和押运员违章操作导致事故发生。

（二）间接原因

（1）司机和押运员没有认真履行岗位职责，没有对槽车接卸过程进行检查确认。

（2）加气母站员工安全意识淡薄，责任心不强，未严格执行槽车接卸相关规程。

三、事故教训及防范措施

（一）事故教训

对于加气母站，槽车接卸过程应由双方进行确认，并且交接过程应清楚明确。

（二）防范措施

（1）出车前应认真对槽车接卸过程进行检查，形成书面记录，检查人员进行签字确认。

（2）特种作业人员应持证上岗，定期考核作业人员的实际操作能力，考核不合格的，取消上岗资格。

（3）加大《中国石油天然气集团公司反违章禁令》的学习力度，加强对员工的安全教育培训工作，增强员工的安全意识。

（4）加强安全目视化管理，对槽车充装状态增加警示标识。

☞ 专家提示：

CNG 槽车进行接卸作业时，充气工应现场进行监护。接卸作业完毕后，CNG 槽车的司机和押运员应确认接气软管与管束车分离，关闭管束车后门，签字确认后方可离开。

槽车车位顶棚的烧毁痕迹

案例5　违规充装燃气爆炸事故

一、事故经过

2009年3月14日14时许，一辆正在天然气加气站内充装天然气的出租车发生爆炸，出租车尾部严重变形，2人不同程度受伤。

据加气站工作人员介绍，这辆出租车来加气时，工作人员检查了该车有加气卡，便给车加气，在加气过程中突然发生爆炸。据查该车主在出租车原有一只气瓶的基础上，私自改装加了一只家庭用的液化石油气钢瓶，这只钢瓶放在出租车尾部存放汽车备胎的位置。

二、事故原因分析

（一）直接原因

出租车违规加装一只家庭用的液化石油气钢瓶，使用双气瓶，导致加气过程中爆炸。

（二）间接原因

（1）CNG加气站气瓶充装前后检查不严格，致使私改车辆蒙混过关。

（2）家用液化石油气钢瓶压力达不到CNG气瓶压力等级。

三、事故教训及防范措施

（一）事故教训

CNG汽车使用不合格或其他种类的气瓶，安全风险很大，容易发生事故；给没有手续的气瓶充装，会对加气站及站内人员、财产造成危害。

（二）防范措施

（1）加强对车辆驾驶员的安全教育和宣传，严禁违规改造及使用气瓶。

（2）规范加气站加气管理流程，严格气瓶充装前后检查，严禁对违规气瓶进行充装。

☞ **专家提示：**

液化石油气钢瓶属低中压气瓶，CNG 车用钢瓶属高压气瓶，气瓶压力等级差距甚大，CNG 加气站一旦充装液化石油气钢瓶，必然爆炸。

被炸毁的出租车

案例 6　天然气槽车交通事故

一、事故经过

2012 年 3 月 29 日 12 点 40 分左右，某公司一辆天然气槽车送气到长征北路加气站，到达后，驾驶员魏某、安全员鲁某将槽车停稳并驻车完毕后准备将牵引车停放在加气站外停车位置。当牵引车头在路口处完成倒车，向指定停车位行驶时，车头右侧有一中年妇女突然骑自行车快速从车头前方经过，由于情况突然，位置处于驾驶员视线盲区，车辆启动后，骑自行车妇女车速过快，连人带车与刚启动的车头右前方相撞，车辆右前轮从该妇女身上碾过。事故造成该妇女送往医院抢救无效后死亡。

二、事故原因分析

（一）直接原因

（1）肇事驾驶员疏忽大意，安全意识淡薄，在未仔细观察车辆道路两旁路况及押运员不在现场指挥的情况下，贸然发动车辆，且车速较快。

（2）驾驶员魏某发动车辆进行停车作业时，押运员鲁某未在现场进行指挥，擅离职守。

（3）车头停放的位置不合理。

（二）间接原因

（1）车队管理人员均无危险化学品运输车队的管理经验，不熟悉危险化学品运输车辆管理条款，缺少管理制度培训，检查和安全教育力度不够。

（2）安全工作人员缺乏安全管理经验，缺少系统、全面的安全培训，业务能力不达标，未及时纠正加气站车辆停放在加气站前方护栏内的安全隐患。

（3）日常工作疏于监管，安全管理要求落实不到位。

三、事故教训及防范措施

（一）事故教训

（1）车队的管理是一项非常专业的工作，需要有一个懂经营、会管理、懂车辆、懂维修技术、懂生产调度的管理团队来进行规范化管理。

（2）安全意识、安全生产知识、安全风险的防范水平需要通过培训学习和自身的认真反思进行提升。

（3）应制定切实可行的作业流程和有针对性的教育培训。

（二）防范措施

（1）天然气配送业务交由专业运输公司负责承运，加强与运输公司的沟通、配合工作。

（2）加强日常检查，对加气站的安全隐患进行彻底整改。

（3）强化各级安全教育培训工作，提高各级管理者和岗位操作人员的安全意识，提高安全技能、水平，尤其是应急处置能力。

☞ 专家提示：

定期组织所属驾驶员、押运员进行危险化学品运输知识、遇险应急措施和医疗救护知识教育培训。督促驾驶员和押运员在运输危险化学品期间加强责任感，严格遵守交通法律、法规，以及安全行车制度，确保安全运输、规范运输、合理运输。

压缩天然气事故预防

CNG 是以压缩气状态存储在容器中，压力在 20MPa 左右时，气流可以对人身造成巨大伤害。

一、库站事故

（1）燃气公司应严格按照《汽车加油加气站设计与施工规范》（GB 50156—2012）的有关规定进行验收。严格对设计单位及施工单位的审核，保证在设计、施工阶段不留隐患。

（2）燃气公司应加强施工质量、物资采购质量监督，并发挥好监理公司的重要作用，杜绝工程质量缺陷。燃气公司应把好工程验收关，特别是隐蔽工程的验收。

（3）燃气公司应对 CNG 场站进行安全评价，对存在的危险、有害因素制定合理可行的安全对策措施并实施。

（4）燃气公司应对在用的压力容器按有关规定取得《特种设备使用登记证》，并按有关安全技术规范要求定期检验合格。

（5）燃气公司应在加气软管管路设置安全拉断阀，保证在不大于 400N 的分离拉力作用下可以分开，分离的两段立即密封，同时可以重新连接，以便加气机正常使用。加气软管不能有泄漏及裂痕；电磁阀工作稳定可靠，无泄漏；质量流量计无泄漏，固态开关工作稳定可靠。

（6）设置可燃气体检测报警装置，报警器宜集中设置在控制室或值班室内，以便操作人员能及时进行处置。可燃气体检测器和报警器的选用和安装，应符合国家行业标准《石油化工可燃气体和有毒气体检测报警设计规范》（GB 50493—2009）的有关规定。

（7）燃气公司应加强车用气瓶充装人员、检查人员的安全培训和教育，要严格岗前培训，取证、复证培训，保证车用气瓶充装人员、检查人员具有必要的安全作业知识，自觉抵制违章操作。

（8）加强对员工安全教育培训。严格岗前培训、定期培训制度，提高安全意识和自觉遵守有关规定的意识，自觉抵制违章操作现象。

（9）燃气公司应对 CNG 的含水、含硫量进行监测；如条件允许，可对整个加气站建立实时安全监控系统。

（10）燃气公司应加强车用压缩天然气气瓶充装前检查，对未经使用登记或者与使用登记证不一致的车用压缩天然气气瓶严禁充装；超过检验期限、定期检验不合格的或者报废的车用压缩天然气气瓶严禁充装；首次充装或者定期检验后的首次充装，未经置换或者抽真空处理的车用压缩天然气气瓶严禁充装；对车用压缩天然气气瓶及其燃气系统安全性有怀疑的严禁充装；充装人员要认真做好充装前后检查记录。

（11）燃气公司应制定应急预案，定期组织开展应急演练，提升各级人员的应急处置能力；与政府相关部门建立联动机制，提升应急救援协作水平；坚持"属地管理、分级响应、就近处置"的应急管理原则，确保突发事件第一时间第一现场有效控制。

二、运输事故

（1）危险化学品运输实行资质认定制度。应确保危险化学品承运企业按国家有关规定办理危险化学品运输资质，未取得相应资质，不得从事危险化学品运输。

（2）运输、装卸，应按危险化学品的危险特性，采取符合规定的安全防护措施，配备应急处理器材和防护用品。

（3）危险化学品运输企业应当按照《压力容器定期检验规则》（TSG R7001—2013）要求，定期向具有国家特种设备安全监督管理部门核准的具有检验资质的单位申请槽罐车的定期检验；充装介质应与移动式压力容器使用登记证核定的充装介质相符，严禁超量充装和自主充装其他介质。

（4）危险化学品运输企业应对驾驶员、装卸管理人员、押运人员进行有关知识培训。驾驶员、装卸管理人员、押运人员必须掌握危险化学品运输的安全知识并经所在地设区的市级人民政府交通部门考核合格，取得上岗资格证，方可上岗作业。

（5）通过公路运输危险化学品，必须配备押运人员，并随时处于押运人员的监管之下，不得多装、超载。

（6）运输车辆必须保持安全车速，保持车距，严禁超车、超速和强行会车；运输车辆必须按指定的路线和时间运输，不可在繁华街道行驶和停留。

（7）运输危险化学品途中需要停车住宿或者遇有无法正常运输的情况时，应向当地公安部门报告。

（8）危险化学品运输企业应加强单位内部安全检查，通过GPS系统，对车辆运行情况进行全程监控；严肃车辆使用程序，杜绝违章违纪行车；严查酒后驾车、疲劳驾驶、不系安全带等行为。

（9）危险化学品运输企业应做好槽车和安全设备的检修工作。通过对槽车和安全设备检修、维护保养，确保槽车和安全设备完好，同时加强日常检查和维护，及时处理各类安全隐患。

（10）危险化学品运输企业应开展车辆定期检验，定期对车辆性能、防静电装置、灭火器进行检查，定期排查事故隐患，及时发现，及时消除。

（11）危险化学品运输企业应制定应急预案，定期组织开展应急演练，提升各级人员的应急处置能力；与政府相关部门建立联动机制，提升应急救援协作水平；坚持"属地管理、分级响应、就近处置"的应急管理原则，确保突发事件第一时间第一现场有效控制。

第四部分　液化天然气事故

案例 1　液化天然气储罐钢筋网倒塌亡人事故

一、事故经过

2009 年 6 月 16 日早 6 时 30 分，由上海某公司承建的液化天然气储罐开始施工，继续进行箍筋绑扎作业，并于 7 时 30 分左右开始在第九层钢筋网片处进行高空吊装作业，用塔吊吊装网片箍筋，当时现场施工人员为 91 人，其中 85 人为上海某公司雇佣的南京某劳务有限公司职工，6 人为内罐施工做准备工作的其他公司员工。另有 160 名员工位于储罐外 200m 处集中进行安全喊话，未进入施工现场。

7 时 56 分，位于西北角的 4 号扶壁柱附近内壁钢筋网片突然向罐内倾倒，带动其余网片沿周长从两侧依次向罐内连续倒塌，垮塌拉力同时将部分位于第 8 层的操作平台带落，正在施工的人员坠落在罐内，造成 2 人当场死亡，6 人送医院后经抢救无效死亡，15 人受伤。

二、事故原因分析

（一）直接原因

（1）位于第 9、10、11 浇筑段的内侧网片呈独立悬臂状超高安装，内外侧网片间缺少有效拉结，设置在钢筋网两侧的吊拉带夹角过小，而导致相互支持稳定作用较弱。

（2）工人安装网片内金属波纹管，擅自局部解除吊拉带，且在钢筋网上有挂架和作业工人，导致超高超重网片在不对称荷载作用下，局部平面外失稳引发连续倒塌。

（二）间接原因

（1）在内外钢筋网片之间为方便放置波纹管，内外层网片连接拉钩设置过少。

（2）该层网筋规格加大，网片顶部又有搭接接长钢筋，中

— 101 —

部有横向加密筋，造成头重脚轻，加大了网片的不稳定性。

（3）内圈网片由于拉带和拉接筋安装不足，横向稳定性差，容易在外力干扰下失稳，向内倾覆。

（4）施工单位对 9.3m 高的钢筋网片的危险性认识不足，所编制的该层钢筋施工方案没有提出有效的安全措施，作业指导书中虽然提出了绑系拉带要求，但具体操作方法不明确。

（5）施工单位施工作业组织不严密，对作业前安全分析不到位，在钢筋网上设有挂架和作业工人作业，造成网片受力不均，重心偏移。

（6）施工单位安全管理不严格，擅自对局部解开拉带，造成安全防护设施失效，导致网片失稳。

（7）总承包单位未就 9.3m 高的特殊钢筋网片安装施工方案提出具体的施工安全技术措施要求。

（8）监理单位虽对超高钢筋网片的施工方案进行了审查，但也对 9.3m 高的钢筋网片的危险性认识不足，未作专项要求。

三、事故教训及防范措施

（一）事故教训

（1）对大直径、大容量的液化气储罐施工工艺、施工组织方面研究还不够深入，对施工中安全风险的识别和防范还不全面。

（2）施工方案在内容编制审批上管理不严格，流于形式，没有对危险作业施工方案中采取的安全措施进行深入论证，没有提出有效的安全措施。

（3）施工方案落实不够严格，执行不到位，施工措施求方便、图省事，减少内外层连接拉钩，未全部落实施工方案中的安全措施和安全要求。

（4）施工组织安排不够科学，施工中存在交叉作业，在危险作业面管理上不细致，存在施工随意性现象。

（5）施工作业人员安全教育不到位，安全意识淡薄，对作业人员安全交底不够深入，致使员工没有认识到擅自解除安全防护措施的危害性。

（6）施工作业安全监督检查不到位，没有严格执行作业前安全检查确认制度，没有及时消除已存在的不安全状态和不安全行为。

（7）总承包单位对施工单位监督管理力度不够，对施工单位存在的重大事故隐患没有整改仍在作业的行为没有制止。

（8）总承包单位对施工单位施工方案审查管理力度不够，没有要求施工单位对重大危险作业施工方案进行论证。

（9）总承包单位对施工单位人员监督管理力度不够，对作业人员的安全教育、个人资质等情况应该加大检查力度，对作业人员的现场准入标准不高。

（10）监理单位对施工安全监理工作不够细，不够严格，现场安全管理标准不高。

（二）防范措施

（1）针对内侧网片呈独立悬臂状超高安装的情况，重新制定施工安全措施，每个网片安装 3 个与网片等高的 H 形钢支撑柱，增加有效拉结，重新设置钢筋网两侧的吊拉带，增加数量并增大夹角，整体提高网片稳定性。

（2）加强施工作业管理，杜绝 2 人以上作业人员同时直接在钢筋网片的同侧作业，杜绝施工机具或设施直接用力在钢筋网片上，严禁网片受力重心偏移，确保超高超重网片载荷对称。

（3）重新进行风险识别，采取控制措施。施工单位重新按施工工序进行风险识别，编制风险控制计划，制定风险控制措施，修订储罐钢筋施工方案，补充有效的安全措施，明确绑系拉带要求，制定详细的实施方法，并由总承包单位、监理单位和建设单位对风险控制计划进行审核批准。

（4）组织施工单位开展作业前安全分析工作。所有现场施工作业人员在作业前必须针对作业内容进行安全分析，根据分析出来的安全风险落实安全措施。施工负责人要检查安全措施落实情况，总承包单位和监理单位抽查作业前安全分析工作落实情况，对未进行安全分析就作业的责任领导和责任人进行处罚，确保安全措施到位。

（5）施工组织进行合理安排，严格落实安全验收工作。由总承包单位统一调度施工活动，对无法避免的交叉作业采取有效安全措施。网片安装时，尽量减少现场人员数量。网片安装时先安装 H 形钢支撑柱，将网片固定在支撑柱上，内外层网片连接拉钩要全部完全绑扎，由总承包单位和监理单位确认合格后方可进行下一步作业。

（6）加强对施工方案的审查管理。施工单位要对各项施工方案进行重新审查，特别是对安全措施的有效性进行审查。施工单位要对施工中的风险控制措施进行讨论和确认，要征求相关专业技术人员的意见，确保制定有效的安全措施。在方案的审批上，施工单位组织总承包单位、监理单位对方案进行审批，由相关专业人员对安全措施的有效性进行核实。

（7）加强对施工作业人员的安全教育。总承包单位要加大对作业人员的入场安全教育管理力度，严格执行入场安全教育制度。施工单位对作业人员进行安全教育，严格落实现场作业人员安全技术交底工作。监理单位加强安全教育的监督检查工作，执行建设单位关于现场的安全教育要求，提高作业人员安全意识。

（8）总承包单位加大对施工单位的监督管理力度。对施工单位的施工组织安排、进度、质量和安全措施落实情况全面监督检查，要求合理安排施工进度，严格施工质量，确保安全措施到位。加大对施工现场违章行为处罚力度，杜绝现场员工违章行为。加大对施工单位隐患排查力度，发现隐患立即消除，必要时停止作业，杜绝现场存在的重大事故隐患。

（9）总承包单位要组织相关分包商加强对大直径、大容量的液化气储罐施工工艺、施工组织方面的研究，深入发现施工中存在的安全风险，有针对性地制定施工安全措施和安全管理方法，提高大型液化气储罐的施工安全管理水平和标准。

（10）组织相关专业人员对独立悬臂状超高网片安装的安全可行性进行论证，从根源上杜绝类似事故发生。

☞ 专家提示：

燃气公司应加强工程施工监管。自觉克服"以包代管"的错误思想，对工程进行全过程监管。施工前应进行安全分析，严格落实安全措施。一定规模的、危险性较大的分部分项工程中，应当由施工单位组织专家对其专项施工方案进行论证，审查后再实施。

案例 2 储气罐发生泄漏引发大火事故

一、事故经过

2011 年 2 月 8 日 19 时 07 分，某市一加气站储气罐发生泄漏引发大火。消防支队先后出动 15 辆消防车、80 余名官兵赶往现场处置火情。19 时 50 分，20 余米高的火势被成功控制。

9 日 15 时 50 分左右，加气站周围沿铜沛路口、二环北路口、黄河北路口等地方依然拉着警戒线，数辆消防车停在火场附近，数十名消防官兵仍然在紧张地降温灭火。直到 16 时 30 分左右，气罐周围不时冒起的零星火苗被消防队员成功扑灭，排除了隐患。

二、事故原因

（一）直接原因

外来火种点燃了储罐底部泄漏的天然气，引发大火。

（二）间接原因

（1）LNG 储罐区域天然气泄漏报警器安装位置不当或者是报警器灵敏度不够，在发生天然气泄漏的情况下，没有及时报警。

（2）LNG 储罐区域没有紧急切断的安全系统，LNG 储罐底部管道系统的液相管上没有"紧急切断阀"，不能人为启动紧急切断系统。

（3）LNG 储罐底部管路系统中有多组"法兰连接"件，它是 LNG 站中最大的泄漏点，尤其在火灾情况下，更容易发生泄漏，这是火灾中，有大量 LNG 流出助长火势的重要原因。

（4）LNG 储罐的自增压器直接放在储罐下部，发生泄漏。

三、事故教训及防范措施

（一）事故教训

（1）在日常巡检过程中要对法兰连接处、阀门等易泄漏的部位进行测漏，确保泄漏及时发现。

（2）要严格遵守罐区严禁烟火等规定，不得将易燃易爆、易产生静电火花的工具、设备带入罐区。

（3）严格按照设计规范及 LNG 的性质特点，正确安装可燃气体报警器、紧急切断阀及增压器。

（二）防范措施

（1）LNG 储罐区域应该按规范安装灵敏度高的天然气泄漏报警器，并加强监测设备和报警设备的维护。

（2）LNG 储罐区域安装紧急切断的安全系统，在 LNG 储罐底部管道系统的液相管上安装"紧急切断阀"。

（3）管路系统采用焊接的连接方式。

（4）储罐的自增压器应当与储罐保持一定的距离，不要直接放在储罐下部。

（5）加强员工安全教育培训，规范运行巡检程序，提高员工发现问题、处理问题的能力。

☞ 专家提示：

　　燃气公司应对场站进行验收评价和现状评价，对存在的危险、有害因素制定合理可行的安全措施并实施，确保设备设施本质安全。

液相管线没有紧急切断阀

管路系统使用易泄漏
的法兰连接件

增压器在储罐下部

液化天然气事故预防

　　液化天然气（LNG）低温达到 $-162℃$ ，一旦泄漏会出现大雾弥漫，在实际工作中要防冻伤。

（1）LNG 工艺的安全设计应符合规范要求，储罐应该根据其容积设计合理的安全距离。储罐内必须安装压力控制系统，同时还应配备有压力安全阀和真空安全阀。在储罐的液相管上应该设有紧急切断阀。储罐在投入使用前必须办理压力容器使用登记，并建立压力容器技术档案。储罐应按《固定式压力容器安全技术监察规程　释义》（TSG K0004—2009）的规定，定期进行检验。

（2）燃气公司应加强工程施工管理，对工程进行全过程监管。

（3）燃气公司应对 LNG 场站进行安全评价，对存在的危险、有害因素制定合理可行的安全对策措施并实施。

（4）储罐在首次充注 LNG 之前，或停止使用内部检修后，都需要对储罐进行净化处理，用惰性气体将罐内的空气或天然气置换出来。

（5）在可能产生天然气泄漏的区域以及储罐汽化器等关键设备的适当部位，均应安装监测报警装置。加强对可燃性气体的含量监测，加强监测设备和报警设备的维护。

（6）在罐体上应加装喷淋设施和消防水幕，防止罐体温度过高而引起罐内压力过载。

（7）正确选择阀门、法兰以及罐体的安全附件的型号，保证设备的本质安全。

（8）加强工艺管线和设备的日常维护保养。加强阀门、法兰、储罐安全附件和罐体完整性、安全性的检查，防止因低温脆化、腐蚀等原因造成罐体开裂，预防泄漏。

（9）禁止在库内使用电子通信设备，严禁使用非防爆电器，并加强对防爆电器的安全性检查。

（10）严格控制 LNG 输入与输出的工艺参数，预防储罐超压。

（11）加强人员的安全培训，加强运行操作、加气作业人员的安全培训和教育，严格岗前培训，取证、复证培训，保证运行操作、加气作业人员具有必要的安全作业知识，自觉抵制违章操作。

（12）场站应备有低温深冷的防护劳保用品。上岗必须穿戴符合安全规定的防静电工作服和个体劳动保护品。

（13）编制应急预案，定期组织开展应急演练，提升各级人员的应急处置能力；与政府相关部门建立联动机制，提升应急救援协作水平；坚持"属地管理、分级响应、就近处置"的应急管理原则，确保突发事件第一时间第一现场有效控制。

第五部分　其他事故

案例 1　输气站场交通事故

一、事故经过

2001 年 4 月 18 日晚 22 时 50 分，输气工区吕某驾驶汽车与同事王某、李某由输气工区 1 号配气站返回，行至 312 国道 4375m 处，在与对面来车会车时，由于对方车辆灯光较强，未发现前方同方向行驶的一辆无尾灯、无牌照的解放 141 卡车。当发现前方解放 141 卡车时，由于制动距离有限，造成与解放 141 卡车发生追尾，撞向解放 141 卡车车厢后方右侧，致使驾驶员吕某和后排乘车人李某受伤，前排副座的王某伤势过重死亡。

二、事故原因分析

（一）直接原因

（1）在会车时，对方来车灯光较强，造成驾驶员眩目，未能及时发现前方违章行驶的无尾灯、无牌照的解放 141 卡车，是造成这次追尾事故的主要原因。

（2）驾驶员安全意识不强，对路况观察注意力不够，也是导致这次事故的直接原因。

（3）夜间行驶车速过快，是造成这次事故的主要原因之一。

（二）间接原因

（1）行车时没有系安全带，是造成这次事故人员伤亡的重要原因。

（2）夜间行车视线不良，给安全行车带来一定的困难，也是导致这次事故发生的原因之一。

三、事故教训及防范措施

（一）事故教训

（1）这次事故，暴露出公司在交通安全管理方面比较薄弱，对驾驶人员的安全行车教育不够存在重生产安全管理、轻交通安全管理倾向。

（2）驾驶人员安全意识不强，在行驶途中特别是会车时存在麻痹大意思想，对路况观察不够。

（3）对驾驶人员的安全教育还停留在简单的说教上，教育与监督检查没有很好结合，安全行车制度没有落实。

（4）驾驶人员存在安全行车意识淡薄，我行我素，违章行驶现象。

（5）对夜间安全行车注意事项宣传教育，防止会车时因车辆灯光造成驾驶员眩目等方面的工作不够全面深入。

（二）防范措施

（1）加强对驾驶人员的安全教育，加大检查力度，切实杜绝超速行驶、抢超抢会、不系安全带等违章现象。

（2）进一步修订、完善交通安全管理规定，强化夜间行车、节假日出车、长途车辆审批制度，明确生产车队夜间出车、节假日出车必须由主管领导审批，其他单位夜间出车、节假日出车必须由单位负责人审批，长途车必须由领导审批，切实落实安全行车规章制度。

（3）按照事故"四不放过"原则，组织驾驶人员分析讨论，举一反三，吸取事故教训，提高安全意识，杜绝违章行车及交通事故发生。

案例 2 高处坠落事故

一、事故经过

2009 年 1 月 15 日，某燃气企业接到配气站路灯损坏的报告后，安排电工班长王某和电工黄某到现场勘查，随后作业区生产技术室编制了路灯检修作业方案。1 月 20 日 10 时 35 分，王某和黄某到达配气站进行检修作业。10 时 50 分，王某系上安全带，带上安全帽，用直梯（铝合金可升降）搭在"r"形路灯横杆上，在黄某和叶某的监护下，更换了位于生活区的第一个路灯。在对直梯采取防滑措施后，由王某和叶某监护，黄某更换工艺区第二个路灯。11时15分，黄某在仅佩戴了安全带的情况下登梯作业，当攀爬到距离地面2m高处时，路灯横杆弯头处突然断裂，导致搭接在此处的直梯随同横杆一同坠地，黄某经送医院抢救无效死亡。

二、事故原因分析

（一）直接原因

根据现场勘查，事故路灯已使用4年，杆管"r"形接头为焊接连接，且长期处于湿度较大的杜仲树冠中，致使"r"形接头附近腐蚀严重，断裂处已减薄至0.5mm。杆管"r"形接头断裂是黄某高处坠落的直接原因。

（二）间接原因

（1）作业前没有对灯杆安全状况进行逐一检查，没有识别出杆管"r"形接头可能断裂的风险。

（2）选择的登高工具不当。

（3）作业时没有按规定佩戴安全帽。

三、事故教训及防范措施

（一）事故教训

（1）登高作业应按规定穿戴防护措施。

（2）正确选择登高工具。

（3）对作业事项事先识别风险，制定有效的防范措施。

（二）防范措施

（1）组织各单位对检维修作业进行全面清查，全面落实危险作业安全施工措施，切实加强风险识别和安全措施确认，严格作业许可审批程序，真正风险识别不清楚不操作，安全措施不到位不操作。

（2）把执行和落实《中国石油天然气集团公司反违章禁令》（以下简称《反违章禁令》）作为全年安全工作的重点，进一步加大宣传力度和范围，包括承包商在内，实现由熟知记到入脑入心的深化。要求各级管理人员带头执行《反违章禁令》，必须深入现场，及时发现和纠正违章行为并进行通报。

（3）切实提高员工安全意识和操作技能。以"五型班组"创建活动为契机，深入开展基层班组建设，将生产经营、安全环保、设备管理、节能减排、队伍建设等指标纳入"五型班组"考核内容。进一步细化考核细则，量化考核标准，建立激励与惩罚并重的机制，增加员工责任感、使命感和主观能动性，实现由"要我安全"向"我要安全"转变。

☞ 专家提示：

高处作业是指在坠落高度基准面 2m（含 2m）以上，有可能坠落的位置进行的作业。坠落高度基准面是指从作业位置到最低坠落着落点的水平面。高处作业实行作业许可制度，未办理高处作业票，严禁进行高处作业。

案例 3 触电亡人事故

一、事故经过

2009 年 6 月 26 日 6 时 20 分，承包商施工人员准备对某加气站罩棚檐板进行喷漆作业。施工作业现场有 4 名施工人员，一名施工人员站在脚手架上扶着油漆桶，3 名施工人员推着脚手架从罩棚西侧沿西北边临近加油站进出口的小斜坡（坡度小于 6%）往罩棚北侧移动，推动过程中，不慎将脚手架一个万向轮推至水泥路基下，造成脚手架倾斜，触到加油站外部 10kV 高压线，致使推脚手架的 3 名施工人员触电，经抢救无效死亡。

二、事故原因分析

（一）直接原因

施工人员违章移动脚手架，使脚手架一侧胶轮滑至路基下，造成脚手架倾斜，触到站外裸露的 10kV 高压线，致 3 人触电。

（二）间接原因

（1）施工单位对作业现场附近高压线没有认真进行风险识别，对高压线可能造成的危害和地面坡度容易造成的下滑估计不足。

（2）移动脚手架上站人，不仅增加了移动重量，而且加高了脚手架重心，加大了作业的风险。

（3）属地监督管理不到位，违章作业没有得到有效制止。

三、事故教训及防范措施

（一）事故教训

对站内外设施、设备风险辨识不足，脚手架的移动违反操作规定，危险作业监督管理不足。

（二）防范措施

（1）严格把好工程建设项目"五关"。严格执行承包商的准入制度，高度重视承包商 HSE 业绩管理体系的建设情况，严格审查承包商资质和施工人员素质，加强承包商施工作业人员的 HSE 培训教育，杜绝承包商违法分包、转包。今后，凡是检修以上的工程项目都要雇佣监理单位进行施工监督，派驻有资质、懂专业、会管理的监管人员进行现场监管。

（2）加强常规作业和特种作业风险识别。加大常规危险因素辨识，对现有油库、加油站重新进行风险评价工作；加大工程建设项目以及特种作业的风险识别，做到没有风险识别不能开工。

（3）加强特种作业的监督和管理。凡是作业都必须办理作业许可证，特种作业要办理专项作业许可证。严格作业许可申请、审批、执行手续，按照规定程序，落实相关责任人，做到"谁申请、谁负责，谁审批、谁负责"。

案例 4　承包商事故

一、事故经过

2009 年 9 月 24 日，北京某管道工程公司在某加气站内进行埋地管道外防腐层大修作业。19 时 30 分，下班时间已到，作业人员陆续离开作业现场，施工人员张某因未按预定计划完成土方开挖任务，在无人监护的情况下，继续在施工现场作业。19 时 35 分，其他施工人员因其仍未出来即返回现场寻找，发现管沟已坍塌，张某被土方掩埋。19 时 40 分，张某被挖出，现场人员立即对其进行急救，并向县医院寻求救护，随后在送医院途中抢救无效死亡。

二、事故原因分析

（一）直接原因

承包商施工人员张某在施工工作过程中，管沟突然坍塌，导致人员被埋。

（二）间接原因

（1）施工现场管沟放坡不够，且未按要求采取有效的支护措施。

（2）施工人员安全意识淡薄，在未向施工队长、监理报告，且同事均已撤离施工现场、无人监护的情况下，进行施工。

（3）施工单位现场负责人疏于管理，当天施工结束后未及时清场及清点人数。

（4）监理单位对管沟开挖土方坍塌风险认识不足，对施工方疏于管理，职责履行不到位，没能跟踪和督促施工隐患的整改和落实。

三、事故教训及防范措施

（一）事故教训

（1）施工人员违章施工，在无人监护的情况下，擅自动工造成人员伤亡。

（2）对管沟开挖土方坍塌风险认识不足，没能跟踪和督促施工隐患的整改和落实，造成伤亡。

（二）防范措施

（1）切实加大 HSE 管理体系的执行力度，特别是对施工现场的监管。将承包商的安全管理真正纳入公司 HSE 管理体系。对临时用电、动火、动土、进入有限空间等危险特殊作业全过程派驻现场安全监督。对于承包商违反 HSE 管理要求的行为及时予以制止，直至勒令停工整顿，并严格按照安全合同的有关要求予以处罚，直至清理出市场。

（2）牢固树立工程建设项目的安全责任主体意识，按照直线责任和属地管理的原则认真履行项目施工安全管理职责，做到"谁管理谁负责、谁工作谁负责、谁组织谁负责，谁的领域谁负责，谁的区域谁负责，谁的属地谁负责"。严把施工承包商资质关、HSE 业绩关、队伍素质关、施工监督关和现场管理关，修订承包商市场准入制度，抬高准入门槛，建立承包商退出机制。

（3）严格执行建设项目开（复）工前 QHSE 审计、入站施工安全管理等各项规章制度，做到施工队伍没有经过入站安全教育不得入站施工、施工人员不得配发入场证；作业前没有进行危害分析不施工；没有制定针对性防范措施不施工；没有经批准的施工方案不施工；没有进行安全及时交底不施工；措施落实不到位不施工，要确保施工作业过程时时受控。

（4）全面开展安全专项检查整治活动。重点查处承包商非法分包和临时用工行为，对承包商临时雇佣人员坚决清除施工现场。认真组织施工承包商全面识别、分析施工作业过程中的危害和风险，对发现的各类隐患，明确责任人，落实整治防范措施，限期整改。

☞ 专家提示：

对承包商的安全管理始终是安全管理的短板，各单位要高度重视。在工程建设项目开工前必须与承建单位签订专项安全生产协议，明确双方责任和权力，做到工作界面清晰、安全责任清楚、安全措施到位，严禁"以包代管、以罚代管、包而不管"。严格入场安全教育，教育要留有痕迹，受教育者必须书面签字。要设立高压线，对在施工过程中存在严重问题的承包商，及时清退。

案例5　用户用电设备自燃造成火灾事故

一、事故经过

2009年5月14日20时55分，某市友谊路120号3单元701室发生火灾。

接警后燃气公司工作人员立即赶到现场。该户室内燃气设施已损坏，无法对燃气设施进行气密性检验。工作人员关闭单元总阀停止单元供气后进行现场勘查。

针对用户怀疑是燃气设施漏气发生爆炸而引发火灾的说法，燃气公司对用户室内环境及其他相关情况作了详细的调查分析。经查该户电热水器被烧毁（疑似起火点），厨房隔断及阳台两块玻璃有裂痕，过火部位损坏严重，其他未过火部位保持完好，燃气炉具没有严重损坏。根据现场情况认定，该户燃气设施上没有起火爆炸点。天然气爆炸应有爆炸点及点火源，而且天然气爆燃破坏威力大，而该用户室内未过火部位完好，且厨房内玻璃隔断大部分保存完好，损坏程度与燃气爆燃现场极不相符，因此可以认定该用户室内未发生爆炸（燃），且起火原因与燃气设施无关。

当时该用户坚持认为火灾是由于燃气设施漏气发生爆炸造成的，而燃气公司从专业角度坚决不同意用户的观点，经双方协商提请消防部门鉴定火灾原因。由于现场过火部位破坏较大，消防部门初次鉴定火灾原因是因为燃气泄漏后爆燃所至，燃气公司对此结果提出异议。在安保部及有关专业人员的指导下，燃气公司收集了大量的证据，对此次火灾进行了科学论证。一是查找了有关天然气爆燃的资料，对照现场情况，为事实的认定提供了科学依据；二是查找到了一个月前燃气公司对该用户室内设施安全检查的证据，证明短时期内如果不是有人为破坏，室内燃气设施不可能发生泄漏。在大量的事实与证据面前，该用户及消防部门也认可了燃气公司的调查结论。经协商，用户同意对其暂作关阀处理，同时燃气公司在第三方的监督下对其单元的燃气设施进行了气密性试验，试验合格后，恢复了该单元的正常供气。

二、事故原因分析

（一）直接原因

用户用电设备自燃造成火灾。

（二）间接原因

用户电热水设备老化或不达标。

三、事故教训及防范措施

（一）事故教训

火灾多由器具使用不当等行为而引发，通过分析事故原因不难发现，燃气用户缺乏燃气安全常识，由于对燃气燃烧爆炸的状况不甚了解而产生误解，因此必须加大天然气知识的普及力度，以便更好地为用户服务。

（二）防范措施

加强应急救援人员培训，强化调查取证工作能力，进一步查清事故原因，确定事故责任。

☞ 专家提示：

开展预案演练，加强应急救援人员培训，增强调查取证工作能力，尽早确定事故原因。这样才能有效控制火灾事故的发生，落实事故责任的认定。

火灾现场

案例6 冰箱起火烧坏燃气设施事故

一、事故经过

2009年10月4日早8时30分，某市燃气公司接到用户报警，称河广街62号3单元302室发生火灾，并对室内燃气设施造成威胁。抢险人员到达现场后关闭该单元进户阀，切断气源。

消防人员处理火情后，公安及燃气公司人员一同进入现场后发现该户家中燃气表具等完全烧坏，燃气管线弯曲变形。

二、事故原因分析

用户家中冰箱起火并将燃气设施烧坏。

三、事故教训及防范措施

（一）事故教训

其他原因造成火灾并威胁燃气设施的情况下，要第一时间关闭气源，避免发生二次火灾或爆炸。

（二）防范措施

加强室内设施安检，建议家中独居老人安装燃气报警器。

☞ **专家提示：**

发生火灾通知消防部门的同时，要第一时间通知当地燃气公司，第一时间切断现场气源。

燃气设施被烧坏

事故现场

其他事故预防

燃气公司在主营业务外，还有很多安全风险，也会带来相应的事故。

（1）承包商管理应执行统一的健康安全环境标准。生产经营单位应将承包商 HSE 管理纳入内部 HSE 管理体系，实行统一管理，严格把好资质、HSE 业绩、队伍素质、施工监督、现场管理等"五关"。

（2）企业应加强规划环境影响评价，从决策源头防范环境风险。

（3）特种作业人员必须经专门的安全技术培训并考核合格，取得《中华人民共和国特种作业操作证》后，方可上岗作业。

（4）在开展危险作业前，要对作业环境进行危害因素识别、分析和评估，并制定切实可行的安全防范措施，确保作业风险可控。对作业人员做好安全教育和安全技术交底，并对作业现场进行全面检查，确保安全防护措施到位，安全装置灵敏可靠。

（5）危险作业人员进行作业时，应加强现场监护，随时检测作业场所有毒有害气体变化情况。同时，作业人员应佩戴必要的防护装备。危险作业时，严格按照操作规程进行操作。现场安全管理人员对作业现场的各种情况进行及时协调，发现事故隐患及时采取措施进行紧急排除，确保操作规程的遵守和安全措施的落实。

（6）车辆管理单位应加强对车辆的维修保养，并按期进行安全技术检验；加强单位内部安全检查，通过 GPS 系统，对车辆进行全程监控；严肃车辆使用程序，杜绝违章违纪行车；严查酒后驾车、不系安全带等行为。

（7）车辆管理单位应认真做好驾驶员上岗前考核，杜绝无证驾车。加强对驾驶员的安全教育和培训，提高安全意识和技能。

（8）科学开展应急演练。生产经营单位应根据自身特点开展有针对性的应急预案演练，使职工熟练掌握逃生、自救、互救方法，熟悉单位以及本岗位应急预案内容，提高单位应对突发事故的处置能力。